家庭农场生态种养丛书

小龙虾

稻田生态种养
新技术

主　编◎王　亮　龚　进
副主编◎舒娜娜　秦　勇　曾　诚
编　者◎孙美群　谭　宇　岳艳龙
　　　　刘　静　谢二威　陈　杰
　　　　曾　远　杨旭兵

U0350784

CIS K 湖南科学技术出版社

目　录

第一章 概 述

第一节 小龙虾概况

一、小龙虾的来源

小龙虾，学名克氏原螯虾，也称淡水小龙虾，具有虾的明显特征，它的外形似海水小龙虾，又因个体比海水小龙虾小而在生产上和应用上被称为小龙虾，它是目前世界上分布最广、养殖产量最高的优良淡水螯虾品种。小龙虾原产于北美洲，其中美国路易斯安那州是小龙虾的主要故乡，这个州已经把小龙虾的养殖当作农业生产的主要组成部分，并把虾仁等小龙虾制品输送到世界各地，另外加拿大和墨西哥等地也是它的故乡。

二、小龙虾引入中国及发展历程

小龙虾传入我国之前，1918年先从美国引入日本，1929年左右再从日本传入中国，先在长江中下游地区江苏南京、安徽滁州一带生长和繁殖。20世纪80年代初，我国水产专家开始关注小龙虾，华中农业大学的魏青山、张世萍、陈孝煊和吴志新等教授先后开始做这方面的基础研究，取得了非常宝贵的第一手资料。至今，小龙虾已经由"外来户"变为"本地居民"了，成为我国主要的甲壳类经济水生动物之一。到2006年，我国不仅成为世界小龙虾的产量大国，也成为世界小龙虾的出口大国和消费大国，并成为我国新兴的水产主养品种之一。

由于小龙虾具有既可水生也可爬行于陆地，繁殖速度快、迁移迅速、喜欢掘洞等特点，对农作物、鱼苗、田埂及农田水利有一定的破坏作用，在我国曾长期被作为一种敌害生物来加以清除。后来经过不断的研究和生产实践表明，小龙虾的掘洞能力、攀援能力及在陆地上的移动速度都远比中华绒螯蟹弱，只要养殖者加强管理，为小龙虾的生长营造合适的生态环境，可人为构建小龙虾适应性的条件进行人工养殖，并作为优质养殖资料加以利用和增收。

随着自然种群的扩展和人类的养殖活动，小龙虾现广泛分布于我国东北、华北、西北、西南、华东、华中、华南及台湾地区，形成可供利用的天然种群。

三、小龙虾市场

一是食用市场火爆。小龙虾肉质鲜美，营养丰富，可食部分较多，达40％，虾尾肉占体重的15％～18％，是人们喜爱的一种水产食品，目前小龙虾销售市场前景广阔，国外很多国家都有吃小龙虾的习惯，欧美国家是小龙虾的主要消费国，在美国该虾不仅是重要的食用虾类，而且是垂钓的重要饵料，年消费量6万～8万t，自给能力不足1/3，瑞典每年举行为期3周的"小龙虾节"，每年进口小龙虾就达5万～10万t；在国内，小龙虾的食用已经风靡全国，被越来越多的消费者青睐，已成为城乡大部分家庭的家常菜肴，特别是江苏、浙江、上海，小龙虾已经成了很多人餐桌上必不可少的一道美味。江苏省盱眙县每年举办的"中国龙虾节"更是闻名中外，让小龙虾的饮食文化走向世界，走向高端，从以前被人不屑一顾的大排档已经进入高档餐饮场所，其代表作品是盱眙"十三香小龙虾"。在武汉、南京、上海、常州、无锡、苏州、合肥等大中城市，小龙虾一年消费量都在万吨以上，根据调查，南京市一个晚上饭店、大排档的小龙虾销售量在2万kg左右。

二是保健市场广阔。小龙虾具有防止胆固醇在人体内蓄积的作用，是一种高蛋白、低脂肪的健康保健食品，经常食用小龙虾，具有补肾、壮阳、滋阴、健胃的功能。小龙虾比其他虾类含有更多的铁、钙和胡萝卜素，小龙虾虾壳和肉都对人体健康很有利，对多种疾病有疗效。

三是饲料原料市场需求旺盛。小龙虾在除去甲壳后，它的身体其他部分是许多鱼类和经济水产动物重要的饵料来源，十多年前的河蟹养殖都喜欢用小龙虾作为重要的饲料源，经加工后的废弃物也可作为饲养其他动物的饲料。

四是工业市场附加值高。小龙虾的工业价值不断被开发，资料表明，小龙虾虾头和虾壳含有20%的虾壳素，从小龙虾的甲壳中提取的虾青素、虾红素、甲壳素、几丁质、鞣酸及其衍生物被广泛应用于食品、工业、医药、饮料、造纸、印染、日用化工、农业和环保等方面，甲壳加工投资少、效益高。

五是出口创汇能力不断加强。以前，小龙虾出口创汇的价值主要是体现在虾仁部分，出口市场主要集中在欧盟、日本、美国、东南亚、澳洲等地。现在小龙虾的出口创汇又开发了虾黄、尾肉及整虾出口。

四、小龙虾养殖优势分析

一是市场潜力大。无论是国内市场还是国际市场，无论是食用市场还是工业市场，小龙虾的市场需求量都非常大，这种紧张的市场供求关系，使小龙虾产业具有较高的经济效益和广阔的发展前景，养殖小龙虾的销路是不成任何问题的。发展小龙虾人工养殖不但可以解决市场供求矛盾，而且还开辟了一条农民致富的渠道。

二是养殖推广难度低。小龙虾对环境的适应性较强，病害少，耐低氧，既能在池塘中进行小水体高密度养殖，也可以在河沟、湖泊、稻田、沼泽地等多种水体中自然增殖，养殖技术简便，易于普及，饲料来源广泛，易于筹备。另一方面，小龙虾养殖苗种问题易解决，可自繁、自育、自养，不需复杂的人工繁殖过程，相对来说养殖要求非常低。加上小龙虾是甲壳类水生动物，具有能较长时间离水或穴居的习性，对不良环境的耐受力非常强，运输方便，成活率高。所以说它的养殖推广难度较小，老百姓容易掌握它的养殖技术。

三是群众养殖热情高涨。从本人长期从事水产技术服务的情况来看，全国各地都有养殖小龙虾的成功案例，加上市场的追捧，现在群众的养殖热情高涨。例如安徽省滁州市广大渔（农）民对小龙虾养殖有着极大的热情，从 2005 年推广稻田养殖千亩后，现在小龙虾养殖面积已迅速发展达千万亩，养殖模式也不断地发展，既可以虾稻连作、池塘单养，也可以鱼虾混养、河沟湖汊多渠道养殖；既可以零星养殖，也适宜规模养殖经营，是农民致富的好项目。

四是农民增收快，示范效果好。根据调查，小龙虾池塘精养每亩产量在 150 kg 左右，亩纯利润在 2000～5000 元，比一般的池塘常规鱼养殖效益高；调查表明，如果采用稻田养殖或其他方式混养小龙虾，每亩稻田投虾种 20 kg，成本 500 元，每亩平均可以收获小龙虾 80 kg，收入 1800 元，每亩稻田仅养小龙虾的纯收入就达到1000 元左右，由此可见，养殖小龙虾是农民实现快速致富的有效途径之一。高效的回报和看得见的利润让农民有信心养好小龙虾，发小龙虾财。

五是养殖成本相对较低。小龙虾的食性杂，饵料问题容易解决，以摄食水体中的有机碎屑、水生植物、瓜果、蔬菜为主要食物来源，兼食动物性饵料及人工配制饲料，可以直接将植物转换成动物蛋白，在低密度养殖时无需投喂特殊的饲料，生长速度较快，产量高，能量转换率高，养殖成本低，效益好。

六是小龙虾的生长周期短，资金回笼快。一般幼小的小龙虾经 2 个月左右的生长就可以上市，通过捕大留小的技术方案，可以采取循环养殖的方式，属于一次投放、常年受益的养殖模式。

五、小龙虾养殖模式的探索

1978年美国国家研究委员会强调发展小龙虾的养殖，认为养殖小龙虾有成本低、技术易于普及、能摄食池塘中的有机碎屑和水生植物、无需投喂特殊的饵料、生长快、产量高等诸多优点。因此可以说小龙虾是非常重要的水产资源，人们对它的利用也做了不少的研究，例如美国探索了"稻-虾""稻-虾-豆""虾-鱼""虾-牛"等混养轮作，当初的养殖方式是粗放、混养，后来发展到各种形式的强化养殖。欧洲进一步探索了"小龙虾-沼虾-小龙虾"的轮作，澳大利亚探索了强化人工养殖模式等。

我国水产界从20世纪70年代开始试养小龙虾，各地科研工作者紧密和生产实践相结合，开发并推广了一些卓有成效的养殖模式，主要是"稻-虾"的轮作、套作和兼作，"虾-鱼"的混养，"虾-水生经济植物"的轮作，小龙虾的池塘养殖，小龙虾的湖泊增养殖等多种模式。

第二节　小龙虾的生物学特性

一、分类地位

小龙虾中文学名为克氏原螯虾，在分类学上与河蟹、河虾及对虾一起属于节肢动物门、甲壳纲、十足目、蝲蛄科、原螯虾属。

二、形态特征

1. 外部形态

成年小龙虾体长8～20 cm，体形稍平扁，体表颜色因水质和季节，水位等不同呈青、红、鲜红、青黑色，虾外部包裹的几丁质和外骨骼主要起保护内部柔软机体和附着筋肉之用，俗称虾壳，身体由头胸部和腹部共 20 节组成，其中头部 5 节，胸部 8 节，腹部 7 节。各体节之间以薄而坚韧的膜相连，使体节可以自由活动。

2. 内部结构

小龙虾整个体内分为消化系统、呼吸系统、循环系统、排泄系统、神经系统、生殖系统、肌肉运动系统等七大部分。

三、栖息习性

小龙虾喜温但怕光，为夜行性底栖爬行动物，昼伏夜出爬行于水底，有明显的昼夜垂直移动现象。在正常条件下，白天光线强烈时常潜伏在水底部适应性水温深处或水体底部光线较暗的角落、石砾、水草、树枝、石块旁、草丛或洞穴中，光线微弱或夜晚出来摄食，多聚集在浅水边爬行觅食或寻偶。

小龙虾对水体要求较广，各种水体都能生存，广泛栖息生活于淡水湖泊、河流、池塘、水库、沼泽、水渠、水田、水沟及稻田中，常见栖息于沼泽、稻田等浅水，有水草，附着物地带，小龙虾栖息的地点常有季节性移动现象，春天水温上升，小龙虾多在浅水处活动，盛夏水温较高时就向深水处移动，冬季大多以穴居为主。

四、迁徙习性

小龙虾有较强的攀援能力和迁徙能力，在水体缺氧、缺饵、污染及其他生物、理化因子发生剧烈变化而不适的情况下，常常爬出水体外活动，从一个水体迁徙到另一个水体。该虾喜逆水，逆水上溯的能力很强，这也是该虾在下大雨时常随水流爬出养殖池塘的原因之一。

五、掘穴习性

小龙虾有一对特别发达的螯，有掘洞穴居的习惯，并且善于掘洞。

掘穴地点：常见该虾在水面以上略高位置，土表湿润，土质黏度好，有附着物的区域打洞穴居。

掘穴形状与深度：大多数洞穴垂直向下扩展，少部分横向发展，常见洞穴具有向水性，洞中水减少时，则继续向下打洞，洞穴深度与池塘水位的高低和土壤的保水性有关，大多数洞穴深度在 50 cm 左右，少部分超过 1 m。

掘穴位置：常见水面以上 10～50 cm 位置，大多水面以上 20 cm 内，具体和池塘田埂的形状、表面覆盖物有关。

掘穴作用：一是有利于隐身，小龙虾喜阴怕光，光线微弱或黑暗时爬出洞穴，光线强烈时躲避光线，以及预防天敌。二是冬季温度太低打洞穴居避寒以及夏季温度太高打洞避暑。三是繁殖后代，小龙虾性成熟后常见一公一母打洞入穴，洞穴打好后会封住洞口预防水分散失和天敌入侵，自然状况下，小龙虾洞穴由于长期风吹雨打后不易看出洞穴的位置。

六、自我保护习性

小龙虾的游泳能力较差，只能作短距离的游动，常附着于水草丛中攀爬，抱住水中的水草或悬浮物将身体侧卧于水面，当受惊或遭受敌害侵袭时，便举起两只大螯摆出格斗的架势，一旦钳住后不轻易放松，放到水中才能松开。

小龙虾幼体附肢的再生能力强，一旦附肢断开后，会在第 2 次蜕壳时再生一部分，几次蜕壳后就会恢复，不过新生的部分比原先的要短小。这种再生行为也是小龙虾自我保护性的适应。

七、趋水习性

小龙虾具有很强的趋水习性，喜欢新水、活水，在进排水口有活水进入时，它们会成群结队地溯水逃跑。在下雨时，由于受到新水的刺激，它们会集群顺着雨水流入的方向爬到岸边或停留或逃逸。在养殖池中常常会发现成群的小龙虾聚集在进水口周围，因此养殖小龙虾时一定要有防逃的围栏设施。

八、氧气对小龙虾的影响

小龙虾利用空气中氧气的能力很强，有其他虾类难以具备的本领，当水体溶解氧减少、不足以让小龙虾呼吸顺畅时，小龙虾便喜欢附着于水面的水草以及附着物，侧身利用鳃部呼吸空气中的氧气，当氧气过稀时小龙虾会爬上岸选择穴居。此外，在长期缺氧的池塘小龙虾出现不蜕壳生长，虾壳变硬变红。

九、温度对小龙虾的影响

小龙虾为变温水生动物，其代谢活动、酶活性和生长发育与水体中温度有密切的关系。小龙虾最适宜的生长温度是 $25\sim30$ ℃，温度越高生长速度越快，水温太低或太高均不生长，水温低于 10 ℃或高于 31 ℃不生长。

十、pH 值对小龙虾的影响

pH 值是水体的重要指标，小龙虾喜欢中性和偏碱性的水体，养殖水体中一般 pH 为 $6.5\sim8.5$，最适 pH 为 $7.0\sim8.5$，pH 过高或过低会造成小龙虾的应激反应和蜕壳不遂等现象。

十一、对农药反应敏感

小龙虾对某些农药如敌百虫、菊酯类杀虫剂、化肥、液化石油等化学物品非常敏感，只要塘内有这些化学物品，小龙虾就会全军覆灭，因此养殖水体应符合国家颁布的渔业水质标准和无公害食品淡水水质标准。养殖区里有稻田的，要注意在防治水稻疾病时，不能轻易将田水放入养虾水域中，如果是稻田混养的，在选择药物时要注意药物的安全性。

十二、食性与摄食

华中农业大学魏青山 1985 年对武汉地区小龙虾食性分析的结果是：植物性成分占 98%，其中主要是高等水生植物及丝状藻类。但实践中小龙虾对肉性食物有更强的进食欲望。因此小龙虾是以植物性食物为主的杂食性动物，动物类的小鱼、虾、浮游生物、底栖生物、水生昆虫、动物尸体、有机碎屑及各种谷物，饼类、蔬菜、陆生牧草、水体中的水生植物、着生藻类等都可以作为它的食物，也喜食人工配合饲料。另一方面，小龙虾食性在不同的发育阶段稍有差异。刚孵出的幼体以其自身存留的卵黄为营养，幼体第一次蜕壳后开始摄食浮游植物及小型枝角类幼体、轮虫等，随着个体不断增大，摄食较大的浮游动物、底栖动物和植物碎屑，成虾兼食动植物，主食植物碎屑、动物尸体，也摄食水蚯蚓、摇蚊幼虫、小型甲壳类及一些水生昆虫。在人工养殖情况下，幼体可投喂丰年虫无节幼体、螺旋藻粉等，成虾可投喂人工配合饲料，或以人工配合饲料为主，辅以动、植物碎屑。

小龙虾摄食多在傍晚或黎明，尤以黄昏为多。小龙虾不仅摄食能力强，而且有贪食、争食的习性。在养殖密度大或者投饵量不足的情况下，小龙虾之间会自相残杀，尤其是正蜕壳或刚蜕壳的没有防御能力的软壳虾和幼虾常常被成年小龙虾所捕食，有时抱卵亲虾在食物缺少时会残食自己所抱的卵，据有关研究表明，一只雌虾 1 天可吃掉 20 只幼体。另外，小龙虾还具有较强的耐饥饿能力，一般能耐饿 3～5 天；秋冬季节一般 20～30 天不进食也不会饿死。

十三、蜕壳与生长

小龙虾通过蜕壳生长，每蜕壳一次个体则长大一次，不蜕壳的小龙虾个体不长大，但虾壳会变硬变厚，在正常养殖过程中应加强注意小龙虾的蜕壳问题，小龙虾蜕壳是否成功和水体各项指标均有关系，具体包含水温、水中钙含量、微量元素以及水质各项硬指标。

十四、寿命与生活史

小龙虾雄虾的寿命一般为 20 个月，雌虾的寿命为 24 个月。根据水域环境的不同，寿命则不同，大多数公虾在交配后出现死亡，寿命不足一年，母虾产仔后根据水环境不同，会出现死亡或者继续蜕壳生长。

小龙虾的生活史也并不复杂，雌雄亲虾在非成熟和性成熟阶段均可交配，母虾接受公虾精子后，待性腺发育完全成熟后，完全受精并形成抱卵虾，抱卵虾虾卵进行自然孵化，孵化完全后入水脱离母体，虾苗在水中进行蜕壳生长，往复进行生长和繁育。

第二章　小龙虾的繁殖

经过多年的生产实践，我们认为，至今小龙虾苗种人工繁殖技术仍然处于不完善和发展之中，工厂化繁育未取得成效，繁育停留在自然繁殖状态，建议各养殖户可采用放养亲虾，或者虾苗实行自繁、自育、自养的方法来达到苗种的供应目的。

第一节　小龙虾的生殖习性

一、性成熟

地域差异：我国小龙虾主产区为长江中下游地区，小龙虾大多隔年性成熟，9月离开母体的幼虾自然状态下到第二年的七八月即可性成熟产卵。在人工饲养条件下，通过水位调控和营养的给予，可延缓性成熟时间。小龙虾性成熟周期主要和水温相关，其次是营养供给，我国热带地区如广东、海南、云南等热带地区常年水温较高，小龙虾的性成熟周期则会提前。

二、自然性比

在自然界中，小龙虾的雌雄比例是不同的，根据舒新亚等人的研究表明，在全长 3.0～8.0 cm 的小龙虾中，雌性多于雄性，其中雌性占总体的 51.5%，雄性占 48.5%，雌雄比例为 1.06：1。在 8.1～13.5 cm 的小龙虾中，也是雌性多于雄性，其中雌性占总体的 55.9%，雄性占 44.1%，雌雄比为 1.17：1，在其他的个体大小中，则是雄性占大多数。

三、交配季节

小龙虾的交配高峰季节一般在 7～9 月，10～12 月也可观察到明显的交配行为，交配行为常年可观察到，值得注意的是，我们在讨论性成熟和交配行为的时间周期性时一般是讲我国长江中下游小龙虾主产地区的规律。1 尾雄虾可先后与 1 尾以上的雌虾交配，群体交配高峰在 6～8 月，9 月以后陆续有成批幼体孵出，主要孵化季节是在冬季，次年春脱离母体。幼体附于母体的腹部游泳足上，在母体的保护下完成幼体阶段的生长发育过程。这种繁育后代的方式，保证了后代很高的成活率。在自然情况下，亲虾交配后就开始掘洞，通常情况下，公、母亲本虾一同入穴，母虾抱卵以前公虾离开洞穴，也有部分洞穴母虾单独入穴完成抱卵，雌虾产卵和受精卵孵化的过程多在地下的洞穴中完成。

四、产卵与受精

长江中下游小龙虾主产地区小龙虾一年内可产卵 1 次，根据个体差异每次产卵 100～500 粒。通常状态下，小龙虾雌虾的产卵量随个体增大而增大，根据我们对 200 尾雌虾的解剖结果发现，体长 7～9 cm 的雌虾，产卵量为 100～180 粒，平均抱卵量为 134 粒；体长 9～11 cm 的雌虾，产卵量为 200～350 粒，平均抱卵量为 278 粒；体长 12～15 cm 的亲虾，产卵量为 375～530 粒，平均抱卵量为 258 粒。

亲虾交配后，根据水温的不同以及交配母体性成熟度差异，30～150 天后雌虾才开始产卵。产卵时，雌虾的卵子从生殖孔中产出，与精荚释放出的精子结合而使卵受精。受精卵黏附在雌虾的腹部，被形象地称为"抱卵"，此时雌虾的腹足不停地摆动，以保证受精卵孵化所必需的氧气。受精卵呈圆形，随着胚胎发育不断变化。没有受精的卵子，多在 2～3 天后自行脱落。

五、孵化

1. 性腺发育

我们曾经对抱卵虾的性腺（虾体内部性腺）做了解剖，根据解剖的结果发现（表1-1），这个时间段正是小龙虾母体性腺发育的好时机，因此我们建议虾农购买抱卵亲虾时，不要晚于9月底进行（此数据源于湖北、湖南、江苏一带，且为大体情况，具体适合时间周期随各地年平均温度改变而变化）。

表1-1　小龙虾性腺发育解剖情况

卵的颜色	数量	占总数的百分比（％）
酱紫色	72	37.2
土黄色	54	30.4
深土黄色	23	13.7
淡黄色	18	10.6
白色	9	4.8

（注：解剖时间为2016年9月10日。）

通过表1-1可以看出，根据9月10日长江中下游地区，各种性腺发育程度的母虾的占有比例，即可分析出在该时间更多的小龙虾接近抱卵状态。时间继续往后推移，则可出现更多已经繁殖的小龙虾，所以，投放亲虾应当放在这个时间以前。

2. 孵化温度

抱卵虾虾卵在不同温度下孵化成幼体的时间是不同的。在实践生产中应当结合当地的月平均温度、日平均温度估算孵化时间，例如在湖北武汉8月的平均温度为28 ℃，假如8月1日的小龙虾抱卵，它在这个时间抱卵孵化成形的时间是10天左右。温度越低孵化时间越长，冬季孵化时间最长3个月左右。

第二节　小龙虾雌雄鉴别

性成熟后的小龙虾雌雄异体，雌雄两性在外形上都有各自的特征，差异十分明显，容易区别，鉴别如下：

（1）达到性成熟的同龄虾中，雄性个体大多大于雌性个体（同一洞穴中情况）。

（2）两者相比较而言，性成熟的雌虾腹部膨大，雄虾腹部相对狭小。

（3）体长相近的亲虾，雄虾螯足膨大，腕节和掌节上的棘突长而明显，且螯足的前端外侧有一明亮的红色软疣。雌虾螯足较小，大部分没有红色软疣，小部分有，但面积小且颜色较淡。

（4）雄虾的生殖孔开口在第五对胸足的基部，不明显；雌虾的生殖孔开口于第三步足基部，可见明显的一对暗色圆孔，腹部侧甲延伸形成抱卵腔，用以附着卵。

（5）雄虾第一、第二腹足演变成白色、钙质的管状交接器，输精管只有左侧一根，呈白色线状；雌虾第一腹足退化，很细小，第二腹足羽状，这是雌雄之间在外形上最明显的鉴别性特征。

第三节　亲虾培育池

培育数量充足、体格健壮、优质无病的成熟亲虾是亲虾人工繁殖的基础。要想获得成熟合格的亲虾，必须人为控制亲虾生长和发育，采取适宜的饲养管理方法，促进亲虾的性腺发育。

一、亲虾池的选择

亲虾培育池是亲虾的生活环境，主要是供放养未来抱卵亲虾用的，培育池的基础条件直接影响到亲虾的生长发育和成活率，最终影响出苗率。

亲虾培育池可选择池塘、河沟、低洼稻田等，尤以低洼稻田为最佳环境。面积以 $1.5\sim2$ 亩（1 亩 $\approx667m^2$）为宜，宽度控制在 20 m 内，池埂宽 1.5 m 以上，池底平整，最好是砂质底，池埂坡度 1：3 以上为佳，良好的水源，完善的进排水系统，进水口加栅栏和过滤网，防止敌害生物入池，同时防止青蛙入池产卵，避免蝌蚪残食虾苗。四周池埂用塑料薄膜或钙塑板搭建以防亲虾攀附逃逸。

二、亲虾池的清淤除害

一是亲虾放养前，必须彻底清塘，以消灭病原体，杀死敌害，消灭亲虾的争食者和残害者及改善水质，以利亲虾生长发育。

二是亲虾池要严格杜绝一切鱼类。主要防止鲢鱼、鲫鱼、泥鳅、鳝鱼等肉食性鱼类存在，以防对抱卵虾和幼虾的侵害。

三是清塘可选择每亩 $70\sim150$ kg 生石灰，或者 $35\sim50$ kg 漂白粉，或 $35\sim50$ kg 茶枯等清塘剂，清塘后如发现未清杀彻底可继续带水使用专用歼灭鱼螺类产品。

四是在进水时严加过滤，防止敌害随水进入。

三、隐蔽场所的设置

为了给小龙虾营造合适的繁殖环境，池坡设置一定数量的隐避物，如轮胎、瓦脊、切成小段的塑料管、扎好的草堆、树枝、竹筒、杨树根、棕榈皮或用编织袋扎成束，以利亲虾躲避敌害，方便打洞繁殖，也可在水面投放占水面 $1/5\sim1/3$ 的水葫芦、水浮莲或种植占总水面 $1/4\sim1/3$ 的眼子菜、轮叶黑藻、菹草等水草，以便出苗后虾苗附着。

第四节　亲虾选择

根据小龙虾特殊的繁殖习性，来年要发展养殖，头一年是收集亲虾的关键时期，养殖者应引起重视。选择时间以及个体大小对于第二年的虾苗起决定性作用。

一、选择时间

根据生产上的经验，我们认为选择小龙虾亲虾的时间一般在第一年的6月中旬至9月中旬，亲虾离水的时间应尽可能短，一般要求离水时间不要超过2小时，在室内或潮湿的环境，时间可适当长一些。

二、亲虾的来源

供繁殖用的亲虾的来源途径一般有以下几条：

一是从当地野虾贩卖市场选购，天然水域捕捞，当地养殖户处就近购买。

二是亲虾的选择主要是对时间的选择和个体的选择，在没有大量进行繁殖的时间周期内选择亲虾投放，个体大多选择颜色较深、虾壳较硬、个体不宜太大的亲虾，不要选择青虾做亲本。

三是对于不同区域捕捞或者选购的亲本，应区别处理，如果是就近养殖户水质较好的塘口选购的亲本虾，最短时间内运输入塘，从野生市场选购的亲本运输到塘口后注意对虾体消毒，一般采用复合碘制剂。

三、雌雄比例

根据时间节点的不同选择雌雄比例均有差异，投放亲本时间越早的亲本虾，雌雄比例应接近1:1投放，因为大多亲本母体并未交配或者储存更多的精子，时间越靠后则可以增大雌虾比例，具体根据性成熟度差异，性成熟度越高的母体，则已经交配后的概率更大，性成熟度越低的亲本虾周期越短，交配的概率更小，所以应当提高雄虾比例。

四、选择标准

一是雌雄性配比要适当。达到繁殖要求的性配比。

二是个体大小选择。达性成熟的小龙虾外壳坚硬，大多颜色深，红发黑，少数性成熟虾为青壳，淡色，性成熟度不受小龙虾个体大小影响。

三是颜色也有要求。要求颜色暗红或黑红色、有光泽，体表光滑而且没有纤毛虫等附着物。那些颜色呈青色的虾，看起来很大，但它们仍属壮年虾，一般还可蜕壳 1～2 次后才能达到性成熟，且个体非常大，性腺大多出现蜕化，抱卵周期长，不宜作为亲本种虾。

四是健康要严格要求。亲虾要求附肢齐全，缺少附肢的虾尽量不要选择，尤其是螯足残缺的亲虾要坚决摒弃，还要亲虾身体健康无病，体格健壮，活动能力强，反应灵敏，当人用手抓它时，它会竖起身子，舞动双螯保护自己，取一只放在地上，它会迅速爬走。

五是其他情况要了解。主要是了解小龙虾的来源、离开水体的时间、运输方式等。如果是药捕（如敌杀死药捕）的小龙虾，坚决不能用作亲虾，那些离水时间过长（高温季节离水时间不要超过 2 小时，一般情况下不要超过 4 小时，严格要求离水时间尽可能短）、运输方式粗糙（过分挤压风吹）的市场虾不能作为亲虾。

第五节　亲虾的放养与饲养管理

一、放养时间

一旦选择好亲虾，就可以放养了，亲虾放养的时间主要在 6 月中旬至 9 月中旬。

二、放养规格

许多养殖户根据其他水产品的养殖经验，认为亲虾个体越大，繁殖能力越强，繁殖出的小虾的质量也会越好，所以很多人选择大个体的虾作种虾，但在实践生产中发现，实际结果刚好相反。

经过实践得出结论，小龙虾的寿命非常短，我们看见的大个体的虾往往已经接近生命的尽头，投放后不久就会死亡，不仅不能繁殖，反而造成亲虾数量的减少，产量也就很低。所以建议亲虾的规格最好是在每千克 20～50 尾，但一定要求大多附肢齐全、颜色呈红色或褐色。

三、放养密度

根据池塘的建设标准、亲本虾的来源、成活率，确定投放密度，一般投放亲本密度为每亩 20～30 kg。

四、亲虾的管理

因季节和生理状况的变化而有差异，因此，在亲虾的培育饲养上应采取相应的培养措施，来满足亲虾生长发育的需求。

一是根据选购的时间以及亲本虾的性成熟度确定繁育步骤。

二是时间选择的不同则性成熟度有差异，如果选择到未性成熟的亲虾作为种虾，应当预防其投放入塘后的蜕壳生长，一旦生长为太大个体则繁殖时间会推后，且容易出现种虾老化死亡，对于性成熟度较高的母体则直接进入繁育步骤。

三是母体抱卵以前提供充足的营养加速亲本性腺发育，主要以提供较高蛋白性饵料为主，定期维护好水质，定期更换新鲜水源，通过水刺激促进其交配打洞。

第六节　亲虾的繁殖

小龙虾的繁殖方式主要是自然繁殖，现在许多科技资料介绍可用全人工进行繁殖，但经过我们的试验和调查，认为这种人工繁殖技术是不成熟的，我们建议广大养殖户还是采取自繁自育、自然增殖的方法比较好。

一、亲虾的配组

亲虾的配组宜在每年的 6 月中旬至 9 月中旬进行，注意 8 月高温季节大多小龙虾出现避暑进洞，该时期除外。此时虾还未进入洞穴，容易捕捞放养，选择体质健壮、肉质肥满结实、规格一致的虾种或者抱卵的亲虾放养。如果是直接在水体中抱卵孵化并培育幼虾，然后直接养成大虾的话，亩放亲虾 25 kg 以内，如果作为繁育池塘专门高密度繁殖虾苗则适当提高放养密度。

二、抱卵亲虾的培育管理

水质要求：加强水质管理是非常重要的，一是可及时提供新鲜的水源，二是可以提供外源性微生物和矿物质，三是对改善水质大有裨益，坚持每半个月换新水 1 次，每次换水 1/4；每 10 天用生石灰 15 g/m² 兑水泼洒 1 次，以保持良好水质，确保池水的溶氧量在 5 mg/L 以上，pH 值在 6.5～8.0，促进亲虾性腺发育。

投喂饲料：在亲虾入池后，每天傍晚投喂 1 次即可，投喂的饲料有切碎的螺肉、蚌肉、蚯蚓、碎鱼肉、小虾、畜禽屠宰下脚料等，注意控制下脚料投喂量，以防坏水。投喂量为池中虾体总重量的3%～4%。为了满足小龙虾的营养需求，要加投一定量的植物性饲料，如白菜、嫩草，扎成小捆沉于水底，也可投喂豆饼、麦麸或配合饲料等，没有吃完的在第2天捞出。此外，在饲料中还要添加一些含钙的物质，以利于虾的蜕壳。也可以直接投喂人工配合饲料。

定期检查亲虾：由于群体中每尾雌虾的产卵时间不可能完全同步，必须定期检查暂养池的亲体，捕捞出已经产卵的母体以及公虾，防止亲本虾对幼体的伤害，从实际操作结果看，以10天左右检查一次比较合适。操作方法是直接用地笼捕捞，逐一检查雌体，把已抱卵的亲虾移出，未抱卵的入原池继续饲养。

三、繁殖方式

小龙虾的人工繁殖方式主要有人工增殖、半人工繁殖和全人工繁殖三种模式。

1. 人工增殖

人工增殖就是在没有养殖过小龙虾的水体中进行，在不增加任何人工措施的条件下让其自然繁殖，从而达到小龙虾增殖的目的。方法是在投放亲虾前对池塘进行清整、除野、消毒施肥、种植水生植物，然后投放亲虾，让小龙虾的亲虾掘穴，进入洞里自行繁殖。翌年3月初，就会有大量小龙虾离开洞穴，出来摄食、活动。此时开始投喂并捕捞大虾。此种繁殖方法适用于小型湖泊、沼泽地、面积较大的池塘和面积较大的低湖田，也可用于面积较大的精养鱼池，对于草型湖泊，投入种虾后则不必投草、施肥。

2. 半人工繁殖

半人工繁殖就是通过人为的部分控制，来达到小龙虾繁殖的目的。放亲虾前对繁殖池进行清整、消毒、除野后，投放经挑选的亲虾，这时要保持良好的水质，定时加注新水，多投喂一些动物蛋白含量较高的饵料和水葫芦等水草。通过人工控制温度、光照、水质、水位等条件因子，促进亲虾交配、产卵，这种繁殖方式适用于池塘养殖。

3. 全人工繁殖

全人工繁殖就是繁殖的全程都通过人为控制来达到预定目的。这种繁殖方式一般可控性、操作性更强，基本上是在室内水泥池中进行的，具有密度大、产量高、成活率高的优点。水泥池或者无坡不易打洞的池塘，底部可设置大量的人工巢穴，如小石块、消毒的树根等，吊挂少量的植物如水葫芦、水花生等，通过增气机向池里人为增氧。每平方米的水体可投放亲虾60尾左右，雌雄比例（1～2）：1。通过投喂一些动物蛋白含量较高的饵料、保持水泥池的水质良好、定期加注新水、及时开动增氧机增氧等一系列控制光照、水温、水质、水位的措施，来诱导小龙虾的亲虾进行交配、产卵。

四、孵化与护幼

进入春季后，要坚持每天巡池，查看抱卵亲虾的发育与孵化情况及出洞情况，一旦发现有大量幼虾孵化出来后，可用地笼捕走已繁殖过的大虾，尽量减少盘点过池，操作也要特别小心，避免对抱卵的亲虾和刚孵出的仔虾造成影响。同时要加强管理，适当降低水位10～20 cm，以提高水温，同时做好幼虾投喂工作和捕捞大虾的工作。需注意的是，在出苗前一定要投放占孵化池水面面积1/3以上的水葫芦，这对提高虾苗成活率有很大的作用。

刚孵化出的幼体会依附于亲虾母体腹部的游泳足上，在母体的保护下完成幼体阶段的生长发育过程。它们既能摄食母体搅动水流带来的浮游生物，也能离开母体腹部后微弱游动，仅做短距离游泳，便回到母体的腹部。根据我们多个小龙虾养殖区在第一年的10～12月，以及次年1～2月等连续多次挖洞取样观察，在母体的腹部游泳足上都附有生长到不同阶段的小龙虾幼虾，最大的小龙虾幼体体长达 0.8 cm 左右。可以推断，从第一年初秋小龙虾稚虾孵出后，小龙虾幼体的生长、发育和越冬过程都是附生于母体腹部，到第二年春季才离开母体生活。小龙虾这种繁育后代的方式，保证了后代很高的成活率。

五、及时采苗

稚虾孵化后在母体保护下完成幼虾阶段的生长发育过程。稚虾一离开母体，就能主动摄食，独立生活。此时一定要适时培养轮虫等小型浮游动物供刚孵出的仔虾摄食，估计出苗前 3～5 天，开始从饲料专用池捕捞少量小型浮游动物放入虾苗池，并用熟蛋黄、豆浆等及时补充仔、幼虾所需的食料供应。当发现繁殖池中有大量稚虾出现时，应及时进行虾苗培育。

也可以在幼体脱离母体后把全部母体捞走，将池中的幼体进行集中饲养，如果母体中还有抱卵的可放入其他池中饲养。

第三章 小龙虾的幼虾培育

离开抱卵虾的幼虾体长约为 1 cm，此时的幼虾个体很小，自身的游泳能力、捕食能力、对外界环境的适应能力、抵御躲藏敌害的能力都比较弱，如果直接放入池塘中养殖，它的成活率是很低的，最终会影响成虾的预期产量。因此有条件的地方可进行幼虾培育，待幼虾三次蜕壳甚至四次蜕壳后，体长达 3 cm 左右时，再放入成虾养殖池中养殖，可有效地提高成活率和养殖产量。小龙虾的幼虾培育主要有水泥池培育和土池培育两种模式。

第一节 虾苗的采捕

一、采捕工具

小龙虾幼苗的采捕工具主要有两种，一种是网捕，另一种是笼捕。

二、采捕方法

1. 幼体采捕

幼体采捕主要指 3 cm 内长度的虾苗，方法很简单，一是用三角抄网抄捕，用手抓住草把，把抄网放在草下面，轻轻地抖动草把，即可获取幼虾。二是用虾网诱捕，在专用的虾网上放置一块猪骨头或动物内脏，待 10 分钟后提起虾网，即可捕获幼虾。三是用特制的密网目制成的小地笼进行捕捉，为了提高捕捞效果，可在笼内放置猪骨头，间隔 4 小时后收笼。

2. 虾苗采捕

虾苗采捕主要指长度达到 5 cm 以上的虾苗，直接用地笼进行捕捞，使用地笼时注意使用较大网孔且不宜太大的地笼，保证更小的虾苗自由进出，达到可捕规格的直接起捕。

第二节　水泥池培育

一、培育池的建设

1. 培育池面积

用水泥池来培育幼虾具有操作面积较小、排灌方便、投喂方便、条件比较容易控制、捕捞简单的优点，根据生产实践，水泥池以 30～80 m^2，水深 0.6～0.8 m 的为佳，也可用面积稍大些的水泥池。

2. 培育池建设

长方形或圆形均可，池内壁要用水泥抹平，要保持光滑，以免碰伤幼虾，进排水设施要完善，为了方便出水和收集幼虾，池底要有 1%左右的倾斜度，最低处设一出苗孔，池外侧设集苗池，便于排水出苗。

3. 新池处理

新建水泥池要用硫代硫酸钠去除水泥中的硅酸盐（俗称去火、去碱），然后用漂白粉消毒。

4. 隐蔽物的设置

小龙虾在高密度培育的情况下，易受到敌害生物及同类的攻击，因此水泥池中要移植和投放一定数量的沉水性及漂浮性水生植物，沉水性植物可用轮叶黑藻、菹草、伊乐藻、马来眼子菜等，将它们扎成一团，然后用小石块系好沉于水底，每 3 m^2 放一团，每堆2 kg 左右。漂浮性植物可用水葫芦、浮萍、水花生、空心菜、水浮莲等。这些水生植物既可作为幼虾攀爬，栖息和蜕壳时的隐蔽场所，还可作为幼虾的饲料，保证幼虾培育有较高的成活率。另外在水泥池中还可设置一些水平或垂直网片、竹筒、瓦片等物，增加幼虾栖息、蜕壳和隐蔽的场所。

5. 水位控制

幼虾培育时的水位控制在 50 cm 即可。

6. 充气增氧设施

充气增氧设施包括鼓风机、送气管道和气石。根据水泥池大小和充气量要求配置罗茨鼓风机，气石选用 60～100 号金刚砂气石，每平方米设置一个。

二、培育用水

幼虾培育用水一般用河水、湖水和地下水即可，水质要符合国家颁布的渔业用水或无公害食品淡水水质标准，水源要充足，水质要清新无污染。无论是何种水源，一定要注意在取水时用 60 目的密网过滤，防止昆虫、小鱼虾及卵等敌害生物进入池中。

三、幼虾放养

1. 幼虾要求

为了防止在高密度情况下，大小幼虾互相残杀，因此在幼虾放养时，要注意同池中幼虾规格保持一致，体质健壮，无病无伤。

2. 放养时间

要根据幼虾苗采捕而定，一般以晴天的上午 10 时为好，也可以在下午 4 时放养。

3. 放养密度

有增氧条件的水泥池，每平方米可放养刚离开母体的幼虾600～900 尾；而采用微流水培育的水泥池，由于水流是不断流动的，溶氧多而且水质清新，放养幼虾的密度可适当大一点，每平方米可达 1000 尾左右；一般条件下的水泥池，每平方米宜放养300 尾。

4. 放养技巧

一是要带水操作，投放时动作要轻、快，避免使幼虾受伤。二是要试温后放养，要注意测试运输幼虾水体的水温是否和培育池里的水温一致，如果温差在 1 ℃左右时则不需要试温，如温差较大，则要调温。调温的方法是将幼虾运输袋去掉外袋，将袋浸泡在水泥培育池内 10 分钟，然后转动一下再放置 10 分钟，待水温一致后再开袋放虾，确保运输幼虾水体的水温和培育池里的水温一致。

四、日常管理

小龙虾虽然抱卵量不大，但在良好条件下，它们的受精率可在95％左右，孵化率可达90％左右。在生产中我们会发现最后的出苗量不是很足，没有预计得多，这是为什么呢？问题就出在幼体培育的后期管理上，出苗后仔虾生长蜕壳频繁，身体比较娇弱稚嫩，极易受环境条件制约而影响育苗率。所以说要提高育苗率，关键要做好如下几点：

一是投喂工作要抓紧。幼体一离开母体就能摄食，其食物包括丰年虫无节幼体、轮虫、枝角类、蛋黄。适时培养轮虫等小型浮游动物供刚孵出的仔虾摄食是非常不错的方法，可以定期向池中投喂浮游动物或人工饲料，浮游动物可从池塘或天然水域捞取，也可进行提前培育。人工饲料主要是蛋黄，可在开始 10 天内投喂煮熟的蛋黄，每万苗 1～2 个。也可用磨碎的豆浆，或者用小鱼、小虾、螺蚌肉、蚯蚓、蚕蛹、鱼粉等动物性饲料，适当搭配玉米、小麦粉碎混合成糜状或加工成软颗粒饲料。每日投喂 2～3 次，白天投喂占日投饵的 35％，晚上投喂占日投饵量的 65％，以后按培育池虾体重的 8％，具体投饵量要根据天气、水质和虾的摄食情况而定。

二是要控制水质。小龙虾繁育期间，要保持水体相对稳定，水质清新，pH 值为 6.5～8；要根据培育池中污物、残饵及水质状况，定期排污、吸出残饵及排泄物，每隔 7 天换水 1/3，每 15 天用一次微生物制剂，保持良好的水质，使水中的溶氧保持在 6 mg/L以上；水深保持在 50 cm，水温保持在 20～26 ℃，防止昼夜水温温差过大，日变化不要超过 3 ℃。

三是做好其他管理工作。加强巡视工作，坚持早晚检查苗情，操作也要特别小心，避免对刚蜕壳的仔虾造成影响，并做好日常记录。水面上一定要有 1/3 左右的水浮莲，水底也要有水草，以增加幼虾蜕壳时的附着物和隐蔽处，也便于通过水浮莲抽苗检查掌握幼虾的生长情况。另外进水口加栅栏和过滤网，防止幼虾逃逸，防止敌害生物入池，尤其是要防止青蛙入池产卵，避免蝌蚪残食虾苗。

五、幼虾收获

幼虾在水泥池中精心培养 20 天左右，即可长到 3 cm 左右，此时可将幼虾收获投入到池塘中养殖。在水泥池中收获幼虾很简单，一是用密网片围绕水泥池拉网起捕；二是直接通过池底的阀门放水起捕，然后用抄网在出水口接住就行了，但要注意水流放得不能太快、太大、太急，否则会因水流的冲击力而对幼虾造成伤害。

第三节　土池培育

土池培育的原理、方法与水泥池培育相似，只是它的可控性和可操作性比较差。

一、培育池准备

1. 面积

培育池以长方形为宜、东西向，长与宽的比例以 3：2 为佳，面积 1～2 亩为好，不宜太大。

2. 条件

池埂坡度 1∶3～1∶4，蓄水深度能达到 1.5 m，正常保持在 1 m 就可以了，池底部要平坦，以沙土为好，淤泥要少，在培育池的出水口一端要有 2～4 m² 的集虾坑，进、排水系统要完善。

3. 防逃

土池四周可用钙塑板、石棉板、玻璃钢、白铁皮、尼龙薄膜或有机纱窗做防逃设施，高 50 cm 即可，防止敌害生物进入。

4. 水质

培育池可用河水、湖水、水库水等地表水作水源，要求水源充足，水质清新无任何污染，含氧量保持在 5 mg/L 以上，pH 值为 7.0～9.0，最佳 7.5～8.5，透明度 35 cm 左右。进水口用 20～40 目筛网过滤进水，防止昆虫、小鱼虾及卵等敌害生物随进水入池中。

5. 清塘消毒

对老龄池塘应清淤晒塘。放虾苗前 15 天进行清池消毒，用生石灰溶水后全池泼洒，生石灰用量为每亩 150 kg。

6. 移植水草

培育池四周设置水花生带，带宽 50～80 cm，也可移植和投放一定数量的沉水性及漂浮性植物，沉水性植物以伊乐草、轮叶黑藻、苦草为主，每亩可放 10 簇左右，每簇 5 kg 左右。浮水植物以水葫芦为主，另外用竹子将一定量的水葫芦和浮萍等漂浮性植物固定在培育池的角落或池边，对培育幼虾是极为有利的。水草移植面积占养殖总面积的 1/3 左右。池中还可设置一些水平垂直网片，增加幼虾栖息、蜕壳和隐蔽的场所。

7. 施肥培水

每亩施腐熟的人畜粪肥或草粪肥 50～100 kg，培育幼虾喜食的天然饵料，如轮虫、枝角类、桡足类等浮游生物，小型底栖动物及有机碎屑。

二、幼虾放养

放养方法和水泥池培育是一样的，幼虾规格也要保持一致，也要求体质健壮、无病无伤，只是密度不同而已，每亩放养幼虾 10 万尾左右。放养时间要选择在晴天早晨或傍晚，要带水操作，将幼虾投放在浅水水草区，投放时动作要轻、快，要避免使幼虾受伤。

三、日常管理

日常管理是和水泥池培育相同，也就是饲料投喂、水质管理以及日常巡视等内容。

1. 饲料投喂

由于土池没有水泥池的可控性强，因此提前培育浮游生物是很有必要的，在放苗前 7 天向培育池内追施发酵过的有机草粪肥，培肥水质，促进枝角类和桡足类浮游动物的生长，为幼虾提供充足的天然饵料。在培育过程中主要投喂各种饵料，天然饲料主要有浮萍、水花生、苦草、野杂鱼、螺、蚌等，人工饲料主要有豆腐、豆渣、豆饼、麦子、配合饲料等。饲料质量要新鲜适口，严禁投喂腐败变质的饲料。

前期每天投喂 3～4 次，投喂的种类以鱼肉糜、绞碎的螺蚌肉或天然水域捞取的枝角类和桡足类为主，也可投喂屠宰场和食品加工厂的下脚料、人工磨制的豆浆等。投喂量为每万尾幼虾 0.15～0.20 kg，沿池边多点片状投喂。饲养中后期要定时向池中投施腐熟的草粪肥，一般每半个月一次，每次每亩 100～150 kg。同时每天投喂 2～3 次人工糜状或软颗粒饲料，日投饲量以每万尾幼虾为 0.3～0.5 kg，或按幼虾体重的 4%～8% 投饲，白天投喂占日投饵量的 40%，晚上占日投饵量的 60%，具体的投喂量要根据天气、水质和虾的摄食灵活掌握。

2. 水质管理

（1）注水与换水：培育过程中，要保持水质清新，溶氧充足，虾苗下塘后每周加注新水一次，每次 15 cm，保持池水"肥、活、嫩、爽"，溶氧量在 5 mg/L。

（2）调节 pH 值：每半个月左右泼洒生石灰水一次，每次生石灰用量为 $10\sim15$ g/m^3，进行池水水质调节和增加池水中离子钙的含量，提供幼虾在蜕壳生长时所需的钙质。

3. 日常巡视

巡塘值班，早晚巡视，观察幼虾摄食、活动、蜕壳、水质变化等情况，发现异常及时采取措施。防逃防鼠，下雨、加水时严防幼虾顶水逃逸。在池周设置防鼠网、灭鼠器械防止老鼠捕食幼虾。

第四章　小龙虾的成虾养殖

与其他虾类相比，小龙虾的成虾养殖具有六大特点：一是体大肥美。一般个体重 40～55 g，最大个体达 100 g 左右；二是生长快、产量高。正常情况下，每年 8～9 月放养亲虾，次年 5 月就可以收获，而且具有一年放苗、多年受益的优点，每亩小龙虾产量 100 kg 左右；三是生命力强、适应性广。纯淡水或半咸水都能生存，对恶劣的环境忍耐度高，离水后可存活 30 小时，耐长途运输，便于活虾上市；四是食性杂，饲料来源广；五是病害少，易养殖；六是易推广，经济效益显著。一般饲养水平，每亩纯收入 1500 元左右。所以说养殖小龙虾具有成本低、销路宽、收益快等优点，现在全国各地已经广为养殖。

第一节　稻虾养殖原理

1. 利用草的特性

小龙虾池塘高密度养殖始终离不开草，一方面水草为小龙虾提供躲避天敌和遮阴的场所，另一方面水草可以净化水质；往往池塘养殖中都有这种类型的草存在。而种植的稻谷恰恰可以在池塘中提供躲避天敌和遮阴的场所，故稻田同时可以养虾。

2. 利用小龙虾的杂食性

稻田中的杂草、虫子、稻脚叶、底栖生物和浮游生物对水稻来说不但是废物，而且都是争肥的，如果在稻田里放养小龙虾这一类杂食性的虾类，不仅可以利用这些生物作为饵料，促进虾的生长，消除了争肥对象，而且虾的粪便还为水稻提供了优质肥料。

3. 稻田养虾可改善土壤

小龙虾在田间栖息，游动觅食，疏松了土壤，破碎了土表"着生藻类"和氮化层的封固，有效地改善了土壤通气条件，又加速了肥料的分解，促进了稻谷生长，从而达到虾稻双丰收的目的。同时小龙虾在水稻田中还有除草保肥作用和灭虫增肥作用。

总之，稻田养虾是综合利用水稻、小龙虾的生态特点达到稻虾共生、相互利用，从而使稻虾双丰收的一种高效立体生态农业（图4-1）。

图4-1　稻田养虾

第二节　稻虾养殖模式

1. 稻虾连作

种一季水稻后，接着养一季小龙虾；即每年8～9月稻谷收割前投放种虾，或9～10月稻谷收割后投放虾苗，第二年4月中旬至5月下旬收获商品虾，5月底、6月初整田、插秧。以此重复上一个过程。

2. 稻虾共作

稻虾共作属于一种种养结合的养殖模式，即种水稻的田里面同时喂养小龙虾。具体就是每年8~9月稻谷收割前投放种虾，或9~10月稻谷收割后投放虾苗，第二年4月中旬至5月下旬收获商品虾，同时补放虾苗，然后5月底、6月初整田、插秧，8~9月收获商品虾，保留种虾，或捕完投放虾苗。以此重复上一个过程。

第三节　塘口基建

1. 稻田的选择（图4-2）

（1）水源：水源充足，水质良好，周围无任何农业污染、工业污染、重金属污染等；引水灌溉便利、无任何污染、长年不断流的河流水、湖泊水等，随时可取可用。

（2）土质：以黏性土壤为宜，这种土质保水性较强，保持土壤的肥力又较好；沙土土质较瘦；渗水漏水等土质不宜。

（3）面积：对于稻田养虾来说，面积大或小都行，几亩到上百亩都可以，在一定程度上，面积大反而更有优势；不仅可以降低开挖成本，而且可以很好地受充足的光照以及增大受风面，在一定程度上增加溶氧，但每一个圩内的平均落差不得高于20 cm。

（4）路通电通、当地治安、租赁年限、当地的旱涝情况等也需要了解。

图4-2　稻田养虾塘口基建

2. 稻田的建设（图4-3）

（1）主要以"回"字形为主，面积大的田可开挖成"田""川""目"等形状；必要的时候可以多开挖环沟。

（2）田埂高度以1.2～1.5 m为宜，保证田中间能够关50～70 cm水，田埂宽度在1.3～1.5 m，保证小龙虾打洞不会将田埂打穿，要求做到不漏、不裂、不垮。

（3）沟宽以5～8 m为宜，坡比1∶（2.5～3）；在一定程度上，坡度越缓越好。注意：有个别区域可能只允许开挖不超过整个面积的15%，这种情况下可以适当把沟宽变窄些。

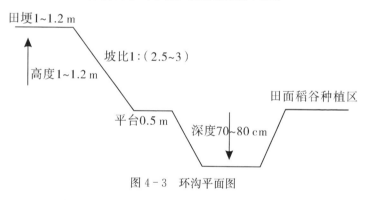

图4-3　环沟平面图

3. 防逃设施（图4-4）

稻田四周必须装上防逃网。一方面防止塘口虾在出现暴雨、缺氧等情况时外逃，另一方面防止外来有害生物或者天敌等进入池塘。

注意防逃网是安装在田埂上面的，不是在水边上。需要安装防盗网的也可以安上，当地有偷盗情况的必须安装，必要时也要安装摄像头等。

图 4-4　稻田养虾的防逃设施

4. 进排水系统

进排水独立，依托有利位置进行进排水安装，最好是一边进一边出。进水口尽量隔开很多杂物，如树枝等，稻田内的进水处安装80目以上的过滤网，长度以2 m以上为宜，防止堵塞，双层最好，主要是为了隔离塘口外打水进来的野杂鱼卵、蛙卵等。

为了防止夏天雨季冲毁堤埂，或者下大暴雨稻田水急剧上涨，尤其是面积比较大、排水措施做得少的稻田，一旦排水管排水跟不上时，稻田应打开一个溢水口，溢水口也用双层密网过滤，防止小龙虾乘机逃走。

第四节　放种苗前准备工作

1. 清沟消毒（图 4-5）

放虾前15天左右，每亩稻田环形沟用20～50 kg生石灰消毒，改善土质，对环沟和田间进行彻底的消毒，杀灭野杂鱼、敌害生物以及致病菌。

图 4 - 5　放苗前清沟消毒

2. 施肥

放苗前 10 天左右，开始往池塘内注水，然后每亩地施发酵农家肥 50～100 kg（这个是要根据塘口实际情况来定的，有的稻田开挖后，土质也不会太瘦，但绝大多数地区的土质在开挖后，都是偏瘦的，建议在环沟里面铺撒一层有机粪肥，让土壤充分吸收一下），使土壤保证有充足的肥力，为后期放苗肥水做好铺垫。

3. 种植水草（图 4 - 6）

种植水草主要以沉水植物为主，包括：苦草（水韭菜、扁担草）、伊乐草（吃不败）、轮叶黑藻（灯笼泡）等。

种草时注意控制水草的面积，零星分布，不要聚集在一起，一般占沟面的 15%～25% 为宜，至于种哪种草，这个没有明确的说明，每一种草都有自己的优势，也有自己的缺点，说明两点：①只要能很好地把控，就是最适合的草；②方便、快捷，并且易得。

图 4 - 6　种植水草

4. 肥水

在放虾苗前一周，开始加水至 50～60 cm，然后根据情况适时肥水，常用的有干鸡粪、猪粪或者市场上的肥水产品进行培养饵料生物，培肥水体，调节水质，并且第一次肥水一定要肥足，不然后期三天两头都会在肥水，而且按照正常量还肥不起来，还会萌发青苔，进而青苔暴发等；肥水肥好后，同等情况下放苗成活率往往会偏高。

5. 试苗

在放苗前 5 天左右，到附近购买少量小龙虾，放在地笼里浸泡在池塘中，一日 3～5 次观察小龙虾的存活以及活力情况。若无异常情况，5 日后正常购买小龙虾放塘，若出现死亡等情况，应当认真分析塘口情况，找到死亡原因后及时解决，切忌尚未弄清死亡原因即大批量放养。

第五节　亲虾和虾苗的运输

小龙虾的养殖要尽可能走自繁自育的路子，因为重要的一条就是虾苗不容易运输，运输时间不宜超过 3 小时，否则会影响成活率。大家可以做个试验，测一测虾苗的运输成活率，运输时间在1.5 小时内，成活率达 70%，运输时间超过 3 小时的死亡率高达60%，超过 5 小时后，下水的虾苗几乎死完。尤其是在夏天中午放苗的，务必力争一个"快"字。

在运输前先检查幼虾的质量，要求幼虾体格健壮、密度适当、操作细致、水质清新，途中避免阳光直射。

运输时要讲究的技巧：一是要提前做好计划，准确确定运输路线，准确计算路程，不走弯路或者容易堵车的道路；尽量使运输时间在 2 小时内，在计划时间内运达，防止因车辆及道路交通情况等原因造成延误，影响虾的成活率。二是在不同季节运输，还应根据气候条件采取适当措施，如天气寒冷，防冻伤措施做好；天气炎热，适当在外围加些冰块防脱水严重，还有如保温、降温、防雨等措施来确保安全运输。三是要确定运输方法，这个要根据路程、天气等具体做决定。有的养殖户采取干法运输（即无水运输），这种模式要注意防阳光直射、防冻、防大风吹等。

第六节　日常投喂管理

在小龙虾养殖过程中，应保持饵料的多样性，避免长时间地投喂单一饵料。因为单一饵料的营养结构简单，无法满足小龙虾各个阶段的生长所需。例如长时间投喂某种饵料（动物性），如果突然改投另外一种饵料（如植物性的），会造成短时间内小龙虾不吃食、饵料浪费等。部分地区喜欢长时间投喂动物性饵料（如动物内脏），导致小龙虾肝脏负荷过重等问题。

图4-7　投饵

投饵要做到粗细搭配，在养成虾阶段以配合饲料为主，辅助一些人工饵料、玉米、碎鱼等，才能保证营养全面，增强体质，降低病害发生概率，缩短养殖周期等（图4-7）。

投喂时遵守"四定"原则：

1. 定时

这个定时不是定死了的时间投喂，而是掌握好投饵时间就行，一般在下午太阳下山时开始投喂，切不可投喂太早，尤其是在夏天下午3～4时就投喂，因为那时的温度较高，水温也高，小龙虾根本不会摄食，造成饲料浪费。在养成虾阶段，条件允许情况下，最好早晚各投喂一次，早上占一天投喂量的30%，下午占70%。越冬期如果连续出现晴暖天气，可适量投喂。

2. 定点

定点投喂，不要随意更换投喂地点，到处投喂，这样不利于小龙虾摄食。均匀撒在浅滩处或者洞穴周边，一般上午东岸多投，下午西岸多投、下风口多投。具体根据自己塘口实际情况投喂。

3. 定量

日投喂量根据塘口虾总重量（不包括野杂鱼，野货等）来确定，同时要考虑天气、温度、水质情况、蜕壳情况等，灵活调整。正常情况下，3～4月，温度10～15 ℃，摄食量不大，按存塘量的2%～4%投喂，5～9月生长快，食欲强，按5%～8%投喂，这只是一个理论数据，具体的投喂要根据实际吃食量掌握。正确的做法是勤查食，勤观察，查看小龙虾的长势情况。

4. 定质

在养殖小龙虾过程中，尽可能固定投喂某种饲料或者某几种混合饲料，保证饲料的适口性。如要变更饲料B，在最后3天投喂时应开始掺杂要变换的饲料B，第二天B饲料逐步增加，减少最初投喂的A饲料，第三天以此类推，直至将A饲料全部换成B饲料。

第七节　水质调控

1. 白浊水（图4-8）

这种水透明度低，颜色为白浊色，原因分为两种情况：

（1）倒藻指养殖水体中藻类大量死亡，导致水色骤然变浊的现象。

图4-8　白浊水

建议处理办法：肥水，重新培养有益藻类，注意缺乏营养源的塘口要先补充营养源！

（2）轮虫、枝角类、桡足类等过多繁殖，摄食藻类，分泌白色黏液，导致水色发白（图4-9）。这种情况常出现在养殖前期（3～5月）。

图4-9　水色发白

建议处理办法：虫子太多的塘口建议杀虫，杀后注意解毒。虫子少的塘口可以采用灯光诱捕的方法，捕掉虫子，而后重新肥水培藻。

2. 泥混水（图4-10）

几乎无透明度，水中悬浮较多杂质和大型悬浮颗粒，藻类几乎

图4-10　泥混水

无。常出现在喂料不足，缺氧和小龙虾出现大量应激活动、大风大雨等情况。

建议处理办法：依具体原因采取具体方法处理。如是由于喂料不足引起的，可适当逐渐增加饵料，常查食，直到合理投喂为止。

3. 老绿水或浓绿水（图 4 - 11）

主要是由于塘口藻类（主要为绿藻类）繁殖过多，常出现在老塘口，塘口营养元素充足或者出现在前期大量使用肥水产品，而后温度上升，底层沉降的各种肥水上，大量营养源使得藻类快速繁殖。

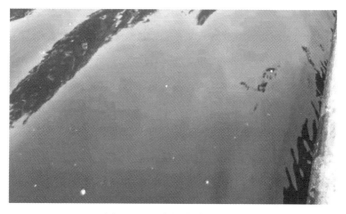

图 4 - 11　老绿水或浓绿水

建议处理办法：勤过水，后用菌种或者石灰调节（注意：使用菌种看温度）。或者在塘口移栽水葫芦、水花生使之吸收大量营养。

4. 肥浑水（图 4 - 12）

又肥又浑的水称为肥浑水。主要是由于大量使用或者超量使用各种肥，使得水体肥得过度，引起的浑浊。

建议处理办法：勤过水，后用菌种或者石灰调节（注意：使用菌种看温度）。或者在塘口移栽水葫芦、水花生使之吸收大量营养。

图 4-12 肥浑水

5. 红黑水（图 4-13）

这种水主要是由于底质有机杂质较多，杂草、伊乐草等在水底腐烂导致水体发红发黑。常出现在养殖中后期，或者新开塘口里面有很多杂草或者倒桩。

图 4-13 红黑水

建议处理办法：这种水质难调控，除非把底层腐烂的草清除掉，才容易调节过来，注意多使用菌种分解和底质改良。

6. 酱油色水（图 4-14）

这种水色主要是由于裸甲藻繁殖过剩引起的，常出现在养殖中后期。

图 4 - 14　酱油色水

　建议处理办法：裸甲藻是属于坏的藻类，建议用石灰等杀掉一部分藻类或者到后期外源水好的直接大量过水，后重新培养有益藻类。

7. 青苔水（图 4 - 15）

这种水主要是由于水质清瘦，青苔大量暴发导致。

图 4 - 15　青苔水

　建议处理办法：具体看青苔的严重情况以及塘口的虾情况后综合处理。

8. 蓝藻水（图 4-16）

蓝藻水顾名思义，塘口蓝藻暴发的水。

图 4-16 蓝藻水

建议处理办法：最好的就是预防。

第八节 病害防治

小龙虾疾病防治应本着"防重于治、防治相结合"的原则，贯彻"全面预防、积极治疗"的方针。小龙虾常见疾病的诊治：

1. 黑鳃病

（1）病因：水质污染严重，鳃受多种弧菌、真菌大量繁殖感染；或者长期缺乏维生素。

（2）症状：鳃丝为黑色，鳃萎缩、局部霉烂，病虾往往行动迟缓，伏在岸边不动，最后因呼吸困难而死。另外，池塘底质严重污染，池水中有机碎屑较多，这些碎屑随着呼吸附于鳃丝，也会使鳃呈黑色，影响虾的呼吸。虾体长期缺乏维生素，使虾体正常生理活动受到影响，也会导致小龙虾体质变弱，鳃丝发黑，可引起小龙虾的大量死亡。

（3）防治：放养前彻底用生石灰消毒，经常加注新水，保持水质清新、底部环境好。

2. 烂鳃病

（1）病因：多种弧菌、真菌大量侵入鳃部组织。

（2）症状：鳃丝发黑、局部霉烂，鳃丝缺损，排列不整齐，严重时引起病虾死亡。此病一般都发生在水质不清洁、溶氧量低、池底有机质较多的池塘中。

（3）防治：定期消毒，经常清除虾池中的残饵、污物，加强池底改良措施，及时注入新水，保持良好的水体环境，保持水体中溶氧在 4 mg/L 以上，避免水质被污染。

3. 甲壳溃疡病

（1）病因：虾体在运输过程中碰伤、池底恶化、水质不好、营养不良而导致细菌大量繁殖。

（2）症状：病虾甲壳局部出现黑褐色溃疡斑点，严重时斑点边缘溃烂、出现较大或较多空洞导致病虾内部感染，有时触须、尾扇、附肢也有褐斑或断裂。发病小龙虾活力极差，摄食下降或停食，常浮于水面或匍匐于水边草丛，直至死亡。

（3）防治：加强水质管理，用池底改良活化素结合光合细菌或复合芽孢杆菌调节水质；动作轻缓，尽量使虾体不受或少受外伤，捕捞、运输和投放虾苗虾种时，不要堆压和损伤虾体；每亩用 5～7.5 kg 的生石灰全池泼洒。

4. 烂尾病

（1）病因：由于小龙虾受伤、相互蚕食或被几丁质分解细菌感染。

（2）症状：病虾尾部有水疱，边缘溃烂、坏死或残缺不全，随着病情的恶化，溃烂由边缘向中间发展，严重感染时，病虾整个尾部溃烂掉落，甚至会导致小龙虾死亡。

（3）防治：运输和投放虾苗虾种时，不要堆压和损伤虾体。合理放养，控制放养密度，调控好水源。饲养期间饲料要投足、投匀，防止虾因饲料不足而相互争食或残杀。每亩水面用消毒剂化水全池泼洒，病情严重的连续两次，中间间隔一天。

5. 烂肢病

（1）病因：由于小龙虾受伤、相互蚕食或被几丁质分解细菌感染。

（2）症状：病虾腹部及附肢腐烂，呈铁锈色或烧焦状，肛门红肿，摄食量减少甚至拒食，活动迟缓，严重者会死亡。

（3）防治：在捕捞、运输、放养等过程中要小心，不要让虾受伤；加强水质管理，用池底改良剂结合光合细菌或复合芽孢杆菌调节水质。

6. 水霉病

（1）病因：由于水霉菌丝侵入虾体后导致该病的发生。

（2）症状：病虾伤口部位长有棉絮状菌丝，虾体消瘦乏力，行动迟缓，摄食减少，伤口部位组织溃烂蔓延，在体表形成肉眼可见的"白毛"，严重者导致死亡。小龙虾在捕捞、运输或过池搬运过程中易感染此病，在水质恶化、小龙虾体质虚弱时也易感染该病，水霉病严重时可造成小龙虾死亡。

（3）防治：定期使用消毒剂，在捕捞、运输、放养等操作过程中小心仔细，不要让小龙虾受伤，虾苗进池后，可泼洒些消毒药物。大批蜕壳期间，增加动物性饲料，减少同类互残。

7. 纤毛虫病

（1）病因：底质恶化、水质浑浊，尤其是伊乐草等腐烂在底部或者淤泥后最易滋生纤毛虫。

（2）症状：累枝虫、聚缩虫、单缩虫和钟形虫等纤毛虫附着在虾和受精卵的体表、附肢、鳃上，肉眼观察可以看见小龙虾的外壳表面有一层比较脏的东西附着，用水很难清洗掉，这些纤毛虫会妨碍虾的呼吸、游泳、活动、摄食和蜕壳，影响生长发育，病虾行动迟缓，对外界刺激无敏感反应，大量附着时，会引起虾缺氧而窒息死亡。

（3）防治：彻底清塘消毒，杀灭池中的病原，经常加注新水、换水，保持水质清新。

在养殖过程中经常采用光合细菌、枯草芽孢杆菌改善水质和底质，降低水的有机质含量。

8. 软壳病

（1）病因：一是投饵不足或营养长期不足，小龙虾长期处于饥饿状态；二是换水量不足或长期不换水；三是有机磷杀虫剂抑制甲壳中几丁质的合成；四是池塘水质老化，有机质过多，或放养密度过大，pH值低，从而引起小龙虾的软壳病。

（2）症状：患病虾的甲壳薄，明显变软（非蜕壳引起），与肌肉分离，易剥离，活动减弱，生长缓慢，体色发暗。

（3）防治：适当加大换水量，改善养殖水质，供应足够的优质饲料。定期使用石灰进行补钙等工作；施用芽孢杆菌，促进有益藻类的生长，并调节水体的酸碱度和硬度。

9. 中毒

症状：根据小龙虾发病情况可以分为两类：一类发病慢、出现呼吸困难，摄食减少，零星死亡，可能是池塘内有机质腐烂分解引起的中毒，属于慢性中毒积累而死亡；另一类发病急出现大量死亡，尸体上浮或下沉，在清晨池水溶解氧量低下时更明显，属于急性中毒死亡。小龙虾鳃丝表面无有害生物附生，也没有典型的病灶。据分析，小龙虾中毒的主要原因有以下几条：一是池底不干净，淤泥较厚，池中有机物腐烂分解，产生大量氨氮、硫化氢、亚硝酸盐等物质，能引起虾鳃以及肝胰腺的病变，引起慢性死亡；二是含有汞、铜、锌、铅等重金属元素、废油，以及其他有毒性的化学成品流入池内，导致虾类中毒；三是靠近农田的养殖小区，由于管理不慎或人为因素，致使农药、化肥、其他药物进入池中，从而导致小龙虾急性死亡，这是目前小龙虾中毒的最主要原因。

防治：加强巡视，在建虾池时，要调查周围的水源，看有无工业污水、生活污水、农田生产用水等排入，看周围有无新建排污化工厂；清理污染源，改善水环境，选择符合生产要求的水源，请环保部门监测水源水，看是否有毒有害物质超标；一旦发生中毒事件时，要立即进行抢救，将活虾转移到经清洁消毒的新池中去，并冲水增加溶氧量，或用没有污染新水源稀释。

10.敌害生物

敌害生物主要有水蛇、青蛙、蟾蜍、老鼠、凶猛鱼类，特别是乌鳢、鳜、鲶、鲈鱼；鸟类主要是鹭类和鸥类水鸟；青苔也是小龙虾的敌害。

防治：建好防逃墙，并经常维护检查，如虾池中发现有凶猛鱼类活动，要及时捕杀。进水口严格过滤，防止小害鱼及鱼卵进入池内，进水口要设置拦网。如发现池中有小害鱼及鱼卵，则要进行消毒除害。由于多数鸟类是自然保护对象，唯有用恫吓的办法进行控制，别无他法。对于水蛇、青蛙、水螈和水老鼠等敌害，在积极预防的同时还要采取"捕、诱、赶、毒"等方法处理。

第九节　起捕上市

最常见而有效的捕捞方式是用地笼张捕，地笼网是最常用的捕捞工具。每只地笼长 $10\sim20$ m，分成 $10\sim20$ 个方形的格子，每个格子间隔的地方两面带倒刺，笼子上方织有遮挡网，地笼的两头分别圈为圆形，地笼网以有结网为好。

头天下午或傍晚把地笼放入池边浅水中或者是水草茂盛处，里面放进腥味较浓的鱼块、鸡肠等作诱饵效果更好，网衣尾部漏出水面，傍晚时分，小龙虾出来寻食时，闻到腥味，寻味而至，碰到笼子后，笼子上方有网挡着，爬不上去，便四处找入口，就钻进了笼子。进了笼子的虾子滑向笼子深处，成为笼中之虾。第二天早晨就可以从笼中倒出小龙虾，然后进行分级处理，大的按级别出售，小的继续饲养，这样一直可以持续上市到 10 月底，如果每次的捕捞量非常少，则可停止捕捞。这种捕捞法适宜捕捞野生小龙虾和在较大的池塘捕捞。

第十节　科学晒田

水稻在生长发育过程中的需水情况是在变化的，养鱼的水稻田中，养虾需水与水稻需水是主要矛盾。田间水量多，水层保持时间长，对虾的生长是有利的，但对水稻生长却不利。农谚对水稻用水进行了科学的总结，那就是"浅水栽秧、深水活棵、薄水分蘖、脱水晒田、复水长粗、厚水抽穗、湿润灌浆、干干湿湿"。因此有经验的老农常常会采用晒田的方法来抑制无效分蘖，促进根系的生长，健壮茎秆，防后期倒伏，一般是当茎蘖数达计划穗数 80%～90%开始自然落干晒田，这时的水位很浅，这对养殖小龙虾是非常不利的，因此做好稻田的水位调控工作是非常有必要的，生产实践中我们总结一条经验，那就是"平时水沿堤，晒田水位低，沟溜起作用，晒田不伤虾"。晒田前，要清理虾沟虾溜，严防虾沟里阻隔与淤塞。晒田总的要求是轻晒轻烤或短期晒，晒田时，不能完全将田水排干，沟内水深保持在 20 cm，使田块中间不陷脚，田边表土不裂缝和发白，以见水稻浮根泛白为适度。晒田时间尽量要短，晒好田后，及时恢复原水位。尽可能不要晒得太久，以免虾缺食太久影响生长，而且发现小龙虾有异常反应时，则要立即注水。

第十一节　病害预防

小龙虾的病害采取"预防为主"的科学防病措施。稻田饲养小龙虾，其敌害较多，常见的敌害有蛙、水蛇、老鼠、黄鳝、泥鳅、鸟等，除放养前彻底用药物清除外，进水口进水时要用 40～80 目纱网过滤，发现田里有这些敌害存在时应及时采取有效措施驱逐或诱灭之。在放虾初期，稻株茎叶不茂，田间水面空隙较大，此时虾个体也较小，活动能力较弱，逃避敌害的能力较差，容易被敌害侵袭。同时，小龙虾每隔一段时间需要蜕壳生长，在蜕壳或刚蜕壳时，最容易成为敌害的适口饵料。到了收获时期，由于田水排浅，虾有可能到处爬行，目标会更大，也易被鸟、兽捕食。对此，要加强田间管理，并及时驱捕敌害，有条件的可在田边设置一些彩条或稻草人，恐吓、驱赶水鸟。另外，当虾放养后，还要禁止家养鸭子下田沟，避免损失。

第十二节　加强其他管理

其他的日常管理工作必须做到勤巡田、勤检查、勤研究、勤记录。坚持早晚巡田，检查沟内水色变化和虾的活动、摄食、生长情况，决定投饵、施肥数量；检查堤埂是否塌漏，平水缺、进出水口筛网、拦虾设施是否牢固，防止逃虾和敌害进入；检查虾沟、虾溜，及时清理，防止堵塞；汛期防止漫田而发生逃虾的事故；检查水源水质情况，防止有害污水进入稻田；保持虾沟内有较多的水生植物，数量不足要及时补放；大批虾蜕壳时不要冲水，不要干扰，蜕壳后增喂优质动物性饲料；高温季节，每 10 天换 1 次水，每次换水 1/3，每 20 天泼洒 1 次生石灰水调节水质；如果发现小龙虾抱住稻秧，侧卧于水面，则表示水体已呈缺氧状态，如果小龙虾大批上岸，表示缺氧严重，应立即加注新水。因此在日常管理时要及时分析存在的问题，做好田块档案记录。

稻谷收获一般采取收谷留桩的办法，然后将水位提高至 40～50 cm，并适当施肥，促进稻桩返青，为小龙虾提供避荫场所及天然饵料来源。稻田养虾的捕捞时间在 4～9 月，具体的起捕时间可根据市场行情和养殖需要灵活掌握，长期捕捞、捕大留小、轮捕轮放，常年供应市场是降低成本、增加产量的一项重要措施。

　　稻田养殖小龙虾时主要采用地笼网张捕法，傍晚将地笼网置于稻田虾沟内，每天清晨起笼收虾。每隔一段时间将地笼换一个地方，继续捕捞，这样可以有效提高捕捞效率。需要注意的是小龙虾在捕捞前，稻田的防病治病要慎用药物，否则影响小龙虾回捕率，药物的残留也会影响商品虾的质量，导致市场销售障碍，影响养殖效益。

第十三节　　小龙虾与经济水生作物的混养

　　我国华东、华南、西南地区的莲藕田、茭白田、慈菇田星罗棋布，这些田块大多靠近湖泊、河道、沟渠，有的就是鱼塘改造而来的，水源充足，土质大多为黏壤土，有机质丰富、水质肥沃，水生植物、饵料生物丰盛，水较一般稻田深，溶氧高，适合小龙虾的生长。根据试验表明，小龙虾与莲藕、芡实、空心菜、马蹄、慈菇、水芹、茭白、菱角等水生经济植物进行科学混养，可以充分利用池塘中的水体、空间、肥力、溶氧、光照、热能和生物资源等自然条件，将种植业与养殖业结合在一起，可达到经济植物与小龙虾双丰收的目的，是将种植业与养殖业相结合、立体开发利用的又一种好形式，但要注意防范小龙虾对莲藕、芡实等水生植物苗芽的损害。

　　根据王利庆、曹建久等人的报道，为了开发利用当地的藕田资源，实施藕田种养结合，发挥藕田生态系统的最大负荷作用，山东省汶上县水利局水产站于 2007 年在汶上镇岗子村、郭仓乡刘庄村进行了藕田生态养殖小龙虾试验。试验藕田面积 25 亩，平均每亩产藕 2146.8 kg，产小龙虾 88.6 kg，纯收入 8912 元。这是小龙虾和水生经济植物混养取得较佳经济效益的代表。

一、莲藕池中混养小龙虾

莲藕性喜向阳温暖环境，喜肥、喜水，适当温度亦能促进生长，在池塘中种植莲藕可以改良池塘底质和水质，为小龙虾提供良好的生态环境，有利于小龙虾健康生长。另外莲藕本身需肥量大，增施有机肥可减轻藕身附着的红褐色锈斑，同时可使水产生大量浮游生物。

小龙虾是杂食性的，一方面它能够捕食水中的浮游生物和害虫，也需要人工喂食大量饵料，它排泄出的粪便大大提高了池塘的肥力，在虾藕之间形成了互利关系，因而可以提高莲藕产量25%以上。

1. 藕塘的准备

莲藕池养小龙虾，池塘要求通风向阳，光照好，池底平坦，水深适宜，水源充足，水质良好，排灌方便，水的 pH 值6.5~8.5，溶氧不低于 4 mg/L，没有工业废水污染，注排水方便，土层较厚，保水保肥性强，洪水不淹没，干旱时不缺水。面积不定，平均水深1.2 m，东西向为好。

2. 田间工程建设

养殖小龙虾的稻田也有一定的讲究，就是要先做一下基本改造，加高、加宽、加固池埂，埂一般比藕塘平面高出 0.5~1 m，埂面宽 1~2 m，敲打结实，堵塞漏洞，以防止逃虾和提高蓄水能力。

在藕塘两边的对角设置进出水口，进水口比塘面略高，出水口比虾沟略低。进出水口要安装密眼铁丝网，以防逃虾和野杂鱼等敌害生物进入。

藕田也要开挖围沟、虾坑，目的是在高温、藕池浅灌、追肥时为小龙虾提供藏身之地及投喂和观察其吃食、活动情况。可按"田""十""目"字形开挖虾沟，虾沟距田埂内侧 1.5 m 左右。沟宽1.5 m，深0.8 m。

在藕田的一端或一角可设置一小块暂养池，水深为0.5 m，主要用于培育、暂养虾苗和收集成虾。

3. 防逃设施

防逃设施简单，用钙塑板或硬质塑料薄膜等光滑耐用材料埋入土中20 cm，土上露出50 cm即可。外侧用木桩或竹竿等每隔50～70 cm支撑固定，顶部用细铁丝或结实绳子将防逃膜固定。防逃膜不应有褶，接头处光滑且不留缝隙，拐角处呈弧形。

4. 施肥

种藕前15～20天，田间工程完成后先翻耕晒田，每亩撒施发酵鸡粪等有机肥100～200 kg，翻耕耙平，然后每亩用75～100 kg生石灰消毒。

5. 选择优良种藕

种藕应选择少花无蓬、性状优良的品种，如慢藕、湖藕、鄂莲二号、鄂莲四号、海南洲、武莲二号、莲香一号、白莲藕等。种藕一般是临近栽植才挖起，需要选择具有本品种的特性，最好是有3～4节以上，子藕、孙藕齐全的全藕，要求顶芽完整、种藕粗壮、芽旺，无病虫害，无损伤，2节以上或整节藕均可。若使用前两节作藕种，后把节必须保留完整，以防进水腐烂。

6. 种藕时间

种藕时间一般在清明至谷雨前后栽种为宜，一定要在种藕顶芽萌动前栽种完毕。

7. 排藕技术

莲藕下塘时宜采取随挖、随选、随栽的方法，也可实行催芽后栽植，如当天栽植不完，应洒水覆盖保湿，防止叶芽干枯。排藕时，行距2～3 m，穴距1.5～2 m，每穴排藕或子藕2枝，每亩需种藕60～150 kg。

栽植时分平栽和斜栽。深度以种藕不浮漂和不动摇为度。先按一定距离挖一斜行浅沟，将种藕藕头向下，倾斜埋入泥中或直接将种藕斜插入泥中，藕头入土的深度 10～12 cm，后把入泥 5 cm。斜插时，把藕节翘起 20°～30°，以利吸收阳光，提高地温，提早发芽，要确保荷叶覆盖面积约占全池 50%，不可过密。

另外在栽植时，原则上藕田四周边行，藕头一律朝向田内，目的是防止藕鞭生长时伸出田外。相邻两行的种藕位置应相互错开，藕头相互对应，以便将来藕鞭和叶片在田间均匀分布，以利高产。

在种藕的挖取、运输、种植时要仔细，防止损伤，特别要注意保护顶芽和须根。

8. 藕池水位调节

莲藕适宜的生长温度是 21～25 ℃。因此，藕池的管理，主要通过放水深浅来调节温度。排藕 10 余天到萌芽期，水深保持在 8～10 cm，以后随着分枝和立叶的旺盛生长，水深逐渐加深到 25 cm，采收前一个月，水深再次降低到 8～10 cm，水过深要及时排出。

9. 小龙虾放养

(1) 放养前的一些准备工作：在藕田养殖小龙虾时，在虾苗入田前必须做好一些准备工作，主要内容包括放养前 10 天用 25 mg/L 石灰水全池泼洒消毒藕池；在虾沟和虾坑内投放轮叶黑藻、苦草、水花生、空心菜、蓝草等沉水性植物，供虾苗栖息、隐蔽；清明节前，每亩投放活螺蛳 250 kg，产出的小螺蛳供小龙虾作为适口的饵料生物。

(2) 虾种选择：选购色泽光亮，活力强，附肢齐全，离水时间短，无病无伤的虾苗，体长 3～5 cm，规格大小以每千克 300～400 尾为宜。也可以随时放养一些抱卵亲虾。

(3) 放养时间：一般在藕成活且长出第一片叶后放虾种，时间在 5 月 10 日前后，此时水温基本上稳定在 16 ℃。

(4) 放养密度：为了提高饲养商品率，建议投放体长 2 cm 左右的虾苗，每亩水面投放 2000 尾。虾种下塘前用 3% 食盐水或 5～

10 mg/L 的高锰酸钾溶液浸泡 5～10 分钟，可以有效地防止虾体带入细菌和寄生虫。同时每亩搭配投放鲫鱼种 10 尾、鳙鱼种 20 尾，规格为每尾 20 克左右。不宜混养草食性鱼类如草鱼、鲂鱼，以防吃掉藕芽嫩叶等。

（5）放养时的处理技巧：如果是本地就近收购的虾苗虾种，要做到随购随放，但是如果是从外地购进的虾苗，在放养时应采取缓苗处理，处理技巧就是将虾苗在藕田的水内浸泡 3 分钟，提起搁置 5 分钟，再浸泡 3 分钟，如此反复 3 次，让虾苗体表和鳃腔吸足水分后再放养，可有效提高虾苗成活率。

10. 小龙虾投饵

虾种下塘后第三天开始投喂。选择鱼坑作投饵点，每天投喂 2 次，分别为上午 7～8 时、下午 4～5 时，日投喂量为虾总体重 3% 左右，具体投喂数量根据天气、水质、虾吃食和活动情况灵活掌握。饲料为自制配合饲料，主要成分是豆粕、麦麸、玉米、血粉、鱼粉、饲料添加剂等，粗蛋白含量 34% 左右，饲料为浮性，粒径 2～5 mm，饲料定点投在饲料台上。

11. 巡视藕池

对藕池进行巡视是藕虾生产过程中的基本工作之一，只有经过巡池才能及时发现问题，并根据具体情况及时采取相应措施，故每天必须坚持早、中、晚 3 次巡池。

巡池的主要内容：检查田埂有无洞穴或塌陷，一旦发现应及时堵塞或修整。检查水位，始终保持适当的水位。在投喂时注意观察虾的吃食情况，相应增加或减少投喂量。防治疾病，经常检查藕的叶片、叶柄是否正常，结合投喂、施肥观察虾的活动情况，及早发现疾病，对症下药。同时要加强防毒、防盗的管理，也要保证环境安静。

12. 适时追肥

莲藕的生长是需要肥力的，因此适时追肥是必不可少的，第 1

次追肥可在藕下种后 30～40 天第 2、第 3 片立叶出现、正进入旺盛生长期时进行，每亩施发酵的鸡粪或猪粪肥 150 kg。第 2 次追肥在小暑前后，这时田藕基本封行，如长势不旺，隔 7～10 天可酌情再追肥 1 次。如果长势挺好，就不需要再追肥了，施肥应选晴朗无风的天气，不可在烈日的中午进行，每次施肥前应放浅田水，让肥料吸入土中，然后再灌至原来的高度。施肥时可采取半边先施、半边后施的方法进行，且要避开小龙虾大量蜕壳期。

13. 水位调控

在藕虾混作中，应以藕为主，以小龙虾为辅。因此，水位的调节应服从于藕的生长需要。最好是虾藕兼顾，栽培初期藕处于萌芽阶段，为提高地温，保持 10 cm 水位。随着气温不断升高，及时加注新水，水位增至 20 cm，合理调节水深以利于藕的正常光合作用和生长。6 月初水位升至最高，达到 1.2～1.5 m。7～9 月，每 15 天换水 10 cm，换水可采用边排边灌的方法，切忌急水冲灌，每月每立方米水体用生石灰 15 g 化水后沿虾沟均匀泼洒一次，以调节水体 pH 值，增加水体中钙离子的浓度，供给小龙虾吸收。秋分后气温下降，叶逐渐枯死，这时应放浅水位，水位控制在 25 cm 左右，以提高地温，促进地下茎充实长圆。

14. 防病

小龙虾养殖的关键在于营造和维护良好水环境，保持水质肥、爽、活、嫩和充足的溶解氧含量，以保证其旺盛的食欲和快速生长。莲藕的虫害主要是蚜虫，可用 40% 乐果乳油 1000～1500 倍液或抗蚜威 200 倍液喷雾防治。病害主要是腐败病，应实行 2～3 年的轮作换茬，在发病初期可用 50% 多菌灵可湿性粉剂 600 倍液加 75% 百菌清可湿性粉剂 600 倍液喷洒防治。

二、小龙虾与芡实混养

芡实，俗称"鸡头米"，性喜温暖，不耐霜冻、干旱，一生不能离水,全生育期为 180～200 天,是滨湖圩内发展避洪农业的高产、优质、高效经济作物。它集药用、保健于一体,市场畅销,具有良好的发展潜力。

1. 池塘准备

池塘要求光照好,池底平坦,池埂坚实,进排水方便,不渗漏,水源充足,水质清新,水底土壤以疏松、中等肥沃的黏泥为好,带沙性的溪流和酸性大的污染水塘不宜栽种。池塘底泥厚 30～40 cm,面积 3～5 亩,平均水深 1.0 m。开挖好围沟、虾坑,目的是在高温、芡实池浅灌、追肥时为小龙虾提供藏身之地及投喂和观察其吃食、活动情况。

2. 防逃设施

防逃设施简单,用硬质塑料薄膜埋入土中 20 cm,土上露出 50 cm 即可。

3. 施肥

在种芡实前 10～15 天,每亩撒施发酵鸡粪等有机肥 600～800 kg,耕翻耙平,然后每亩用 90～100 kg 生石灰消毒。为促进植株健壮生长,可在 8 月盛花期追施磷酸二氢钾 3～4 次。施用方法可用带细孔的塑料薄膜小袋,内装 20 g 左右速效性磷肥,施入泥下 10～15 cm 处,每次追肥变换位置。

4. 芡实栽培

(1)播种:芡实要适时播种,春秋两季均可,尤以 9～10 月为好。播种时,选用新鲜饱满的种子撒在泥土稍干的塘内。若春雨多,池塘水满,在 3～4 月春播种子不易均匀撒播时,可用湿润的泥土捏成小土团,每团放入种子 3～4 粒,按瘦塘 130～170 cm,肥塘 200 cm 的距离投入一个土团,种子随土团沉入水底,便可出苗生长。

(2)幼芽移栽:在往年种过芡实的地方,来年不用再播种。因其果实成熟后会自然裂开,有部分种子散落塘内,来年便可萌芽生长。当叶浮出水面，直径 15～20 cm 时便可移栽。栽时，连苗带泥取出，栽入池塘中，覆好泥土，使生长点露出泥面，根系自然舒展开，使叶子漂浮水面，以后随着苗的生长逐步加水。

5. 水位调节

池塘的管理主要通过池水深浅来调节温度。从芡实入池 10 余天到萌芽期，水深保持在 40 cm，以后随着分枝的旺盛生长，水深逐渐加深到 120 cm，采收前一个月，水深再次降低到 50 cm。

6. 小龙虾的放养与投饵

在芡实池中放养小龙虾，放养时间及放养技巧和常规养殖也是有讲究的，一般在芡实成活且长出第一片叶后放虾种，为了提高饲养商品率，建议投放 2.5 g 以上的小龙虾，每亩水面投放 1500 尾。同时每亩搭配投放鲫鱼种 10 尾、鳙鱼种 20 尾，规格为每尾20 g 左右。

虾种下塘后第三天开始投喂，选择虾坑作投饵点，每天投喂 2 次，分别为上午 7～8 时、下午 4～5 时，日投喂量为鱼总体重 3% 左右，具体投喂数量根据天气、水质、虾吃食和活动情况灵活掌握。饲料为自制配合饲料，主要成分是豆粕、麦麸、玉米、血粉、鱼粉、饲料添加剂等，粗蛋白含量 30%，饲料为浮性，粒径 2～5 mm，饲料定点投在饲料台上。

7. 注水

当芡实幼苗浮出水面后，要及时调节株行距，将过密的苗除去，移到缺苗的地方。由于芡实的生长发育时期不同，对水分的要求也不同，故调节水量是田间管理的关键。要掌握"春浅、夏深、秋放、冬蓄"的原则。春季水浅，能受到阳光照射，可提高土温，利于幼苗生长；夏季水深，可促进叶柄伸长，6 月初水位升至最高，达到 1.2～1.5 m；秋季适当放水，能促进果实成熟；冬季蓄水可使种子在水底安全度冬。值得注意的是，在不同时期进行注水时，一定要兼顾小龙虾的需水要求。

8. 防病

防病主要是针对芡实而言的，芡实的主要病害是霜霉病，可用代森锌 500 倍液喷洒或代森铵粉剂喷撒。芡实的主要虫害是蚜虫，可用 40％乐果乳油 1000 倍液喷杀。

三、小龙虾与茭白混养

1. 池塘选择

水源充足、无污染、排污方便、保水力强、耕层深厚、肥力中上等、面积在 1 亩以上的池塘均可用于种植茭白、养虾。

2. 虾坑修建

沿埂内四周开挖宽 1.5～2.0 m、深 0.5～0.8 m 的环形虾坑，池塘较大的中间还要适当地开挖中间沟，中间沟宽 0.5～1 m，深 0.5 m，环形虾坑和中间沟内投放用轮叶黑藻、眼子菜、苦草、菹草等沉水性植物制作的草堆，塘边角还用竹子固定浮植少量漂浮性植物如水葫芦、浮萍等。虾坑开挖宜在冬春茭白移栽结束后进行，总面积占池塘总面积的 8％，每个虾坑面积最大不超过 200 m^2，可均匀地多开挖几个虾坑，开挖深度为 1.2～1.5 m，开挖位置选择在池塘中部或进水口处，虾坑的其中一边靠近池埂，以便于投喂和管理。开挖虾坑的目的是在施用化肥、农药时，让小龙虾集中在鱼坑避害，在夏季水温较高时，小龙虾可在鱼坑中避暑；方便定点在虾坑中投喂饲料，饲料投入虾坑中，也便于检查小龙虾的摄食、活动及虾病情况；虾坑亦可作防旱蓄水等。在放养小龙虾前，要将池塘进排水口安装网栏设施。

3. 防逃设施

防逃设施简单，用硬质塑料薄膜埋入土中 20 cm，土上露出 50 cm 即可。

4. 施肥

每年的 2～3 月种茭白前施底肥，每亩可用腐熟的猪、牛粪和绿肥 1500 kg，钙镁磷肥 20 kg，复合肥 30 kg。翻入土层内，耙平耙细，肥泥整合，即可移栽茭白苗。

5. 选好茭白种苗

在 9 月中旬至 10 月初，于秋茭采收时进行选种，以浙茭 2 号、浙茭 911、浙茭 991、大苗茭、软尾茭、中介壳、一点红、象牙茭、寒头茭、梭子茭、小腊茭、中腊台、两头早为主。选择植株健壮、高度中等、茎秆扁平、纯度高的优质茭株作为留种株。

6. 适时移栽茭白

茭白用无性繁殖法种植，长江流域于 4～5 月间选择那些生长整齐，茭白粗壮、洁白，分蘖多的植株作种株。用根茎分蘖苗切墩移栽，母墩萌芽高 33～40 cm 时，茭白有 3～4 片真叶。将茭墩挖起，用利刃顺分蘖处劈开成数小墩，每墩带匍匐茎和健壮分蘖芽 4～6 个，剪去叶片，保留叶鞘长 16～26 cm，减少蒸发，以利提早成活，随挖、随分、随栽。株行距按栽植时期、分墩苗数和采收次数而定，双季茭采用大小行种植，大行距 1 m，小行距 80 cm，穴距 50～65 cm，每亩 1000～1200 穴，每穴 6～7 苗。栽植方式以 45°角斜插为好，深度以根茎和分蘖基部入土，而分蘖苗芽稍露水面为度，定植 3～4 天后检查一次，栽植过深的苗，稍提高使之浅些，栽植过浅的苗宜再压下使之深些，并做好补苗工作，确保全苗。

7. 放养小龙虾

在茭白苗移栽前 10 天，对虾坑进行消毒处理。新建的虾坑，一定要先用清水浸泡 7～10 天，再换新鲜的水继续浸泡 7 天后才能放虾，每亩可放养 2.5 g 以上的小龙虾幼虾 1500 尾，应将幼虾投放在浅水及水葫芦浮植区；在虾种投放时，用 3%～5% 的食盐水浸浴虾种 5 分钟，以防虾病的发生。同时每亩放鲢、鳙鱼各 50 尾，每天喂精料 1 次，每亩投料 1.0～2.5 kg。

8. 科学管理

(1) 水质管理：茭白池塘的水位根据茭白生长发育特性灵活掌

握，萌芽前灌浅水 30 cm，以提高土温，促进萌发；栽后促进成活，保持水深 50～80 cm；分蘖前仍宜灌浅水 80 cm，促进分蘖和发根；至分蘖后期，加深至 100～120 cm，控制无效分蘖。7～8 月高温期宜保持水深 130～150 cm，并做到经常换水降温，以减少病虫危害，雨季宜注意排水，在每次追肥前后几天，需放干或保持浅水，待肥吸收入土后再恢复到原来水位。每半个月投放一次水草，沿田边环形沟和田间沟多点堆放。

（2）科学投喂：可投喂自制混合饲料或者购买鱼类专用饲料，也可投喂一些动物性饲料如螺蚌肉、鱼肉、蚯蚓或捞取的枝角类、桡足类、动物屠宰厂的下脚料等，沿田边四周浅水区定点多点投喂。投喂量一般为虾体重的 5％～10％，采取"四定"投喂法，傍晚投料要占全日量的 70％。每天投喂两次饲料，早上 8～9 时投喂一次，傍晚 6～7 时投喂一次。

（3）科学施肥：茭白植株高大，需肥量大，应重施有机肥作基肥。基肥常用人畜粪、绿肥，追肥多用化肥，宜少量多次，可选用尿素、复合肥、钾肥等，禁用碳酸氢铵；有机肥应占总肥量的 70％；基肥在茭白移植前深施；追肥应采用"重、轻、重"的原则，具体施肥可分四个步骤，在栽植后 10 天左右，茭株已长出新根成活，施第一次追肥，每亩施粪尿肥 200 kg，称为提苗肥。第二次在分蘖初期每亩施粪尿肥 300 kg，以促进生长和分蘖，称为分蘖肥。第三次追肥在分蘖盛期，如植株长势较弱，适当每亩追施尿素 5～10 kg，称为调节肥；如植株长势旺盛，可免施追肥。第四次追肥在孕茭始期，每亩施腐熟粪肥 100～200 kg，称为催茭肥。

（4）茭白用药：应对症选用高效低毒、低残留、对混养的小龙虾没有影响的农药。如杀虫双、叶蝉散、乐果、敌百虫、井冈霉素、多菌灵等。禁用除草剂及毒性较大的呋喃丹、杀螟松、三唑磷、毒杀酚、波尔多液、五氯酚钠等，慎用稻瘟净、马拉硫磷。粉剂农药在露水未干前施用，水剂农药在露水干后喷洒。施药后及时换注新水，严禁在中午高温时喷药。

（5）病虫防治：孕茭期有大螟、二化螟、长绿飞虱，应在害虫幼龄期，每亩用50％杀螟松乳油100 g加水75～100 kg泼浇或用90％敌百虫和40％乐果1000倍液在剥除老叶后，逐棵用药灌心。立秋后发生蚜虫、叶蝉和蓟马，可用40％乐果乳剂1000倍、10％叶蝉散可湿性粉剂200～300 g加水50～75 kg喷洒，茭白锈病可用1：800倍敌锈钠喷洒效果良好。

9. 茭白采收

茭白按采收季节可分为一熟茭和两熟茭。一熟茭，又称单季茭，在秋季日照变短后才能孕茭，每年只在秋季采收一次。春种的一熟茭栽培早，每墩苗数多，采收期也早，一般在8月下旬至9月下旬采收。夏种的一熟茭一般在9月下旬开始采收，11月下旬采收结束。茭白成熟采收标准是，随着基部老叶逐渐枯黄，心叶逐渐缩短，叶色转淡，假茎中部逐渐膨大和变扁，叶鞘被挤向两边，当假茎露出1～2 cm的洁白茭肉时，称为露白，为采收最适宜时期。夏茭孕茭时，气温较高，假茎膨大速度较快，从开始孕茭至可采收，一般需7～10天。秋茭孕茭时，气温较低，假茎膨大速度较慢，从开始孕茭至可采收，一般需要14～18天，但是，不同品种孕茭至采收期所需时间有差异。茭白一般采取分批采收，每隔3～4天采收一次。每次采收都要将老叶剥掉。采收茭白后，应该用手把墩内的烂泥培上植株茎部，既可促进分蘖和生长，又可使茭白幼嫩而洁白。

10. 小龙虾收获

5月可用地笼、虾笼开始对小龙虾捕捞收获，将地笼固定放置在茭白塘中，每天早晨将进入地笼的小龙虾收取上市。直至6月底可放干茭白塘的水，彻底收获。有条件的可实行小龙虾的两季饲养。

四、小龙虾与菱角混养

菱角又叫菱、水栗等，一年生浮叶水生草本植物，菱肉含淀粉、蛋白质、脂肪，嫩果可生食，老熟果含淀粉多，或熟食或加工制成菱粉。收菱后，菱盘还可当作饲料或肥料。

1. 菱塘的选择和建设

菱塘应选择在地势低洼、水源条件好、灌排方便的地方。一般以 5～10 亩的菱塘为宜，水深不超过 150 cm、风浪不大、底土松软肥沃的河湾、湖荡、沟渠、池塘种植。

2. 菱角的品种选择

菱角的品种较多，有四角菱、两角菱、无角菱等，从外皮的颜色上又分为青菱、红菱、淡红菱 3 种。四角菱类有馄饨菱、小白菱、水红菱、沙角菱、大青菱、邵伯菱等，两角菱类有扒菱、蝙蝠菱、五月菱、七月菱等，无角菱仅有南湖菱一种。最好选用果形大、肉质鲜嫩的水红菱、南湖菱、大青菱等作为种植品种。

3. 菱角栽培

（1）直播栽培菱角：在 2 m 以内的浅水中种菱，多用直播。一般在天气稳定在 12 ℃以上时播种，例如长江流域宜在清明前后 7 天内播种，而京、津地区可在谷雨前后播种。播前先催芽，芽长不要超过 1.5 cm，播时先清池，清除野菱、水草、青苔等。播种方式以条播为宜，条播时，根据菱池地形，划成纵行，行距 2.6～3 m，每亩用种量 20～25 kg。

（2）育苗移栽菱角：在水深 3～5 m 处，直播出苗比较困难，即使出苗，苗也纤细瘦弱，产量不高，此时可采取育苗移栽的方法。一般可选用向阳、水位浅、土质肥、排灌方便的池塘作为苗地，实施条播。育苗时，将种菱放在 5～6 cm 浅水池中利用阳光保温催芽，5～7 天换一次水。发芽后移至繁殖田，等茎叶长满后再进行幼苗定植，每 8～10 株菱盘为一束，用草绳结扎，用长柄铁叉叉住菱束绳头，栽植水底泥土中，栽植密度按株行距 1 m×2 m 或 1.3 m×1.3 m 定穴，每穴种 3~4 株苗。

4. 小龙虾的放养

在菱塘里放养小龙虾，方法与茭白塘放养小龙虾基本上是一致的，在菱塘苗移栽前 10 天，对池塘进行消毒处理，在虾种投放时，用 3%~5% 的食盐水浸浴虾种 5 分钟，以防虾病的发生。同时配养 15 cm 鲢、鳙鱼或 7~10 cm 的鲫鱼 30 尾。

5. 菱角塘的日常管理

在菱角和小龙虾的生长过程中，菱塘管理要着重抓好以下几点：

(1) 建菱垄：等直播的菱苗出水后，或菱苗移栽后，就要立即建菱垄，以防风浪冲击和杂草漂入菱群。方法是在菱塘外围，打下木桩，木桩长度依据水深浅而定，通常要求入土 30~60 cm，出水 1 m，木桩之间围捆草绳，绳直径 1.5 cm，绳上系水花生，每隔 33 cm 系一段。

(2) 除杂草：要及时清除菱塘中的槐叶萍、水鳖草、水绵、野菱等，由于菱角对除草剂敏感，必要时进行手工除草。

水质管理：移栽前对水域进行清理，清除杂草水苔，捕捞草食性鱼类。为提高产品质量，灌溉水一定要清洁无污染。生长过程中水层不宜大起大落，否则影响分枝成苗率。移栽后到 6 月底，保持菱塘水深 20~30 cm，增温促蘖，每隔 15 天换一次水。7 月后随着气温升高，菱塘水深逐步增加到 45~50 cm。在盛夏可将水逐渐加深到 1.5 m，最深不超过 2 m。采收时，为方便操作，水深降到 35 cm 左右。从 7 月开始，要求每隔 7 天换水一次，确保菱塘水质清洁，在红菱开花至幼果期，更要注意水质。

(3) 施肥：栽后 15 天菱苗已基本活棵，每亩撒施 5 kg 尿素提苗，1 个月后猛施促花肥，每亩施磷酸二铵 10 kg，促早开花，争取前期产量。初花期可进行叶面喷施磷、钾肥，方法是在 50 kg 水中加 0.5～1 kg 过磷酸钙和草木灰，浸泡一夜，取其澄清液，每隔 7 天喷一次，共喷 2～3 次。以上午 8～9 时、下午 4～5 时喷肥为宜。等 90％以上的菱盘结有 3～4 个果角时，再施入三元复合肥 15 kg，称为结果肥。以后每采摘一次即施入复合肥 10 kg 左右，连施三次，以防早衰。

（4）病虫害防治：菱角的虫害主要有菱叶甲、菱金花虫等，特别是初夏雾雨天后虫害增多，一般农药防治用 80％杀虫单 400 倍、18％杀虫双 500 倍，如发现蚜虫用 10％吡虫啉 2000 倍液进行喷杀。菱角的病害主要有菱瘟、白烂病等，在闷热湿度大时易发生，防治方法一是采用农业防治，即勤换水，保持水质清洁；二是在初发时，应及时摘除，晒干烧毁或深埋病叶；三是化学防治，发病用 50％甲基托布津 1000 倍液喷雾或 50％多菌灵 600～800 倍液喷雾，从始花期开始，每隔 7 天喷药一次，连喷 2～3 次。

（5）加强投喂：根据季节辅喂精料，如菜饼、豆渣、麦麸皮、米糠、蚯蚓、蝇蛆、颗粒料和其他水生动物等。可投喂自制混合饲料或者购买鱼饲料，定时定量进行投喂。投喂量一般为虾体重的 5％～10％，采取"四定"投喂法，傍晚投料要占全日量的 70％。

6. 菱角采收

菱角采收，自处暑、白露开始，到霜降为止，每隔 5～7 天采 1 次，共采收 6～7 次。采菱时，要做到"三轻"和"三防"。"三轻"是提盘要轻，摘菱轻，放盘轻。"三防"是一防猛拉菱盘，植株受伤，老菱落水；二防采菱速度不一，老菱漏采，被船挤落水中；三防老嫩一起抓。总之，要老嫩分清，将老菱采摘干净。

五、小龙虾与菱角、河蚌混养

小龙虾与菱角、河蚌一起混养的方式和小龙虾与菱角的混养基本一致，所不同的是河蚌的投放，一般根据不同的目的而有不同的投放模式，如果是为了吊挂珍珠，可投放褶纹冠蚌或三角帆蚌或日本池蝶蚌，密度要稀一点，亩投放 1000 只；如果是为了在春节前后为市场提供菜蚌或是为小龙虾提供动物性饵料，则宜投放已经发育的亲蚌或大一点的种蚌，每亩可投放 300～400 kg。

六、小龙虾与水芹混养

水芹既是一种蔬菜，也是水生动物的一种好饲料，它的种植时间和小龙虾的养殖时间明显错开，双方能发挥互相利用空间和时间的优势，在生态效益上也是互惠互利的，在许多水芹种植地区已经开始把它们作为主要的轮作方式之一，取得了明显的效果。

水芹是冷水性植物，它的种植时间是在每年的 8 月开始育苗，9 月开始定植，也可以一步到位，直接放在池塘中种植即可，11 月底开始向市场供应，直到翌年的 3 月初结束，3～8 月基本上是处于空闲状态，而这时正是小龙虾养殖和上市的高峰期，两者结合可以将池塘全年综合利用，经济效益明显，是一种很有推广前途的种养相结合的生产模式。

1. 田地改造

水芹田的大小以 5 亩为宜，最好是长方形，以确保供小龙虾打洞的田埂更多，在田块周围按稻田养殖的方式开挖环沟和中央沟，沟宽 1.5 m，深 75 cm，开挖的泥土除了用于加固池埂外，主要是放在离沟 5 m 左右的田地中，做成一条条的小埂，小埂宽 30 cm 即可，长度不限。

水源要充足，排灌要方便，进排水要分开，进排水口可用 60目的网布扎好，以防小龙虾从水口逃逸以及外源性敌害生物侵入，田内除了小埂外，其他部位要平整，方便水芹的种植，溶氧要保持在 5 mg/L。

为了防止小龙虾在下雨天或因其他原因逃逸，防逃设施是必不可少的，根据经验，我们认为只要在放虾前 2 天做好就行，材料多样，可以就地取材，不过最经济实用的还是用 60 cm 的纱窗埋在埂上，入土 15 cm，在纱窗上端缝一宽 30 cm 的硬质塑料薄膜即可。

2. 放养前的准备工作

（1）清池消毒：和前面一样的方法与剂量。

（2）水草种植：在有水芹的区域里不需要种植水草，但是在环沟里还是需要种植水草的，这些水草对于小龙虾度过盛夏高温季节是非常有帮助的。水草品种优选轮叶黑藻、马来眼子菜和光叶眼子菜，其次可选择苦草和伊乐藻，也可用水花生和空心菜，水草种植面积宜占整个环沟面积的 40% 左右。另外进入夏季后，如果池塘中心的水芹还存在或有较明显的根茎存在时，就不需要补充水草，如果水芹已经全部取完，必须在 4 月前及时移栽水草，确保小龙虾的养殖成功。

（3）放肥培水：在小龙虾放养前 1 周左右，亩施用经腐熟的有机肥 200 kg，用来培育浮游生物。

3. 虾苗放养

在水芹里轮作小龙虾是有讲究的，由于 8 月底到 9 月初是水芹的生长季节，而此时也正是小龙虾亲虾放养的极好时机，经过试验，我们发现，此时放入小龙虾亲虾后，它们会在一夜间快速打洞，并钻入洞穴中抱卵孵幼，并不出来危害水芹的幼苗，偶尔出洞的也只是极少数小龙虾，而这些抱卵小龙虾是保证来年产量的基础，因此我们建议虾农可以在 9 月上旬放养亲本小龙虾。

如果有的虾农不放心，害怕小龙虾会出来夹断水芹的根部，导致水芹减产，那么可以选择另一种放养模式，就是在第二年的 3 月底，每亩放养规格 2.5 g 以上小龙虾 1500 尾左右，放养时选择晴天的上午 10 时左右为宜，放养前经过试水和调温后，确保温差在 2 ℃ 以内。

4. 饲养管理

（1）水质调控：①池水调节：放养抱卵亲虾的池塘，在入池后，任其打洞穴居，不要轻易改变水位，一切按水芹的管理方式进行调节。放养幼虾的池塘，在 4～5 月水位控制在 50 cm 左右，透明度在 20 cm 即可，6 月以后要经常换水或冲水，防止水质老化或恶化，保持透明度在 35 cm 左右，pH 值为 7.0～8.5。②注冲新水：为了促进小龙虾蜕壳生长和保持水质清新，定期注冲新水是一个非常好的举措，也是必不可少的技术方法。从 9 月到翌年的 3 月基本上不用单独为小龙虾换冲水，只要进行正常的水芹管理即可，从 4 月开始直到 5 月底，每 10 天注冲水一次，每次10～20 cm，6 月至 8 月中旬每 7 天注冲水一次，每次 10 cm。③生石灰泼洒：3 月底到 7 月中旬，每半个月可用生石灰化水泼洒一次，每次亩用量为 15 kg，可以有效地促进小龙虾的蜕壳。

（2）饲料投喂：在小龙虾养殖期间，小龙虾除可以利用春季留下未售的水芹菜叶、菜茎、菜根和部分水草外，还是要投喂饲料的，具体的投喂种类和投喂方法与前面介绍的一样。

（3）日常管理：在小龙虾生长期间，每天坚持早晚各巡塘一次，主要是观察小龙虾的生长情况以及检查防逃设施的完备性，看看池埂有无被小龙虾打洞造成漏水情况。

5. 病害防治

主要是预防敌害，包括水蛇、水老鼠、水鸟等。其次是发现疾病或水质恶化时，要及时处理。

6. 捕捞

小龙虾的捕捞采取捕大留小、天天张捕的措施，从 4 月开始坚持每天用地笼在环形沟内张捕，8 月在栽水芹前排干池水，用手提捕。对于那些已经入洞穴居的小龙虾，不要挖洞，任其在洞穴内生活。

7. 水芹种植

（1）适时整地：在 8 月中旬时，小龙虾基本起捕完毕，可用旋耕机在池塘中央进行旋耕，周边不动，保持底部平整即可。

（2）适量施肥：亩施入腐熟的粪肥 100 kg，为水芹的生长提供充足的肥源。

（3）水芹的催芽：一般在 7 月底即可进行，为了不影响小龙虾最后阶段的生长，可以放在另外的地方催芽，催芽温度要在 27～28 ℃。

（4）排种：经过 15 天左右的催芽处理，芽已经长到 2 cm 时就可以排种了，排种时间在 8 月下旬为宜。为了防止刚入水的小嫩芽被太阳晒死，建议排种的具体时间应选择在阴天或晴天下午的 4 时以后进行。排种时将母茎基部朝外，芽头朝上，间隔 5 cm 排一束，然后轻轻地用泥巴压住茎部。

（5）水位管理：在排种初期的水位管理尤为重要，这是因为一方面此时气温和水温挺高，可能对小嫩芽造成灼伤；另一方面，为了促进嫩芽尽快生根，池底基本上是不需要多水的，所以此时一定要加强管理，在可能的情况下保证水位在 5～10 cm，待生根后，可慢慢加水至 50～60 cm。到初冬后，要及时加水至 1.2 m。

（6）肥料管理：在水位渐渐上升到 40 cm 后，可以适时追肥，一般亩施腐熟粪肥 200 kg，也可以施农用复合肥 10 kg，以后做到看苗情施肥，每次每亩施尿素 3～5 kg。

（7）定苗除草：当水芹长到株高 10 cm 时，根据实际情况要及时定苗、匀苗、补苗或间苗，定苗密度为株距 5 cm 比较合适。

（8）病害防治：水芹的病害要比小龙虾的病害严重得多，主要有斑枯病、飞虱、蚜虫及各种飞蛾等，可根据不同的情况采用不同的措施来防治病虫害。例如对于蚜虫，可以在短时间内将池塘的水位提升上来，使植株顶部全部淹没在水中，然后用长长的竹竿将漂浮在水面的蚜虫及杂草驱出排水口。

（9）及时采收：水芹的采收很简单，就是通过人工在水中将水芹连根拔起，然后清除污泥，剔除根须和黄叶及老叶，整理好后，捆扎上市。要强调的是，在离环形沟 50 cm 处的水芹带不要收割，可作为养殖淡水小龙虾的防护草墙，也可作为来年小龙虾的栖息场所和食料补充，如果有可能的话，在塘中间的水芹也可以适当留一些，不要全部弄光，那些水芹的根须最好留在池内。

七、小龙虾与慈菇混养

慈菇又叫剪刀草、燕尾草、茨菰，性喜温暖的水温，原产我国东南地区，南方各省均有栽培，以珠江三角洲及太湖沿岸最多，既是一种蔬菜，也是水生动物的一种好饲料，它的种植时间和小龙虾的养殖时间几乎一致，可以为小龙虾的生长起到水草所有的作用，在生态效益上也是互惠互利的，在许多慈菇种植地区已经开始把慈菇和小龙虾的混养作为当地主要的种养方式之一，取得了明显的效果。

1. 慈菇栽培季节

慈菇一般在 3 月育苗，苗期 40～50 天，6 月假植，8 月定植，定植适期为寒露至霜降，12 月至翌年 2 月采收。

2. 慈菇品种的选择

生产中一般选用青紫皮或黄白皮等早熟、高产、质优的慈菇品种。主要有广东白肉慈菇、沙菇，浙江海盐沈荡慈菇，江苏宝应刮老乌（又叫紫圆）和苏州黄（又叫白衣），广西桂林白慈菇、梧州慈菇等。

3. 慈菇田的处理

慈菇田的大小以 5 亩为宜，水源要充足，排灌要方便，进排水要分开，进排水口可用 60 目的网布扎好，以防小龙虾从水口逃逸以及外源性敌害生物侵入，宜选择耕作层 20～40 cm，土壤软烂、疏松、肥沃，含有机质多的水田栽培。最好是长方形，以确保供小龙虾打洞的田埂更多，在田块周围按稻田养殖的方式开挖环沟和中央沟，沟宽 1.5 m，深 75 cm，开挖的泥土除了用于加固池埂外，主要是放在离沟 5 m 左右的田地中，做成一条条的小埂，小埂宽30 cm 即可，长度不限。田内除了小埂外，其他部位要平整，方便慈菇的种植，溶氧要保持在 5 mg/L。

4. 培育壮苗

慈菇以球茎繁殖，各地都行育苗移栽。按利用球茎部位不同分为两种，一种是以球茎顶芽进行育苗，另一种是整个球茎进行育苗。一般生产上都是利用整个球茎或球茎上的顶芽进行繁殖。无论采用哪种繁殖方法，都要选用成熟、肥大端正、具有本品种特性、枯芽粗短而弯曲的球茎作种。

3 月中旬选择背风向阳的田块作育苗床，亩施腐熟厩肥 200 kg作基肥，耙平、按东西向做成宽 1 m 的高畦，浇水湿润床土。

取出留种球茎的顶芽，用窝席圈好，或放入箩筐内，上覆湿稻草，干时洒水，晴天置于阳光下取暖，保持温度在 15 ℃以上，经 12 天左右出芽后，即可播芽育苗。4 月中旬播种育苗。选用球茎较大、顶芽粗细在 0.5 cm 以上的作种，将顶芽稍带球茎切下，栽于秧田，插播规格可取 10 cm×10 cm，此时要将芽的 1/3 或 1/2 插入土中，以免秧苗浮起。插顶芽后水深保持 2～4 cm，10～15 天后开始发芽生根。顶芽发芽生根后长成幼苗，在幼苗长出 2～3 片叶时，适当追施稀薄腐熟人粪尿或化肥 1～2 次，促使菇苗生长健壮整齐。40～50 天后，具有 3～4 片真叶、苗高 26～30 cm 时，就可移栽定植到大田了。每亩用顶芽 10 kg，可供 15 亩大田栽插之用。

5. 定植

栽培地应选择在水质洁净、无污染源、排灌方便、富含有机质的黏壤土水田种植，深翻约 20 cm，每亩施腐熟的有机肥 1500 kg，并配合草木灰 100 kg、过磷酸钙 25 kg 为基肥，翻耕耙平，灌浅水后即可种植，按株行距 40 cm×50 cm、每亩 4000～5000 株的要求定植。栽植前，连根拔起秧苗，保留中心嫩叶 2～3 片，摘除外围叶片，仅留叶柄，以免种苗栽后头重脚轻，遇风雨吹打而浮于水面。移栽时用手捏住顶芽基部，将秧苗根部插入土中约 10 cm，使顶芽向上，深度顶芽位于上、中部为宜，秧苗插入过深会发育不良，过浅易受风吹摇动，并填平根旁空隙，保持 3 cm 水深，同时田边栽植预备苗，以补缺。

6. 肥水管理

养小龙虾的慈菇田生长期以保持浅水层 20 cm 为宜，既防干旱茎叶落黄，又要尽可能满足小龙虾的生长需求。水位调控以"浅—深—浅"为原则，前期苗小，应灌浅水 5 cm 左右；中期生长旺盛，应适当灌深水 30 cm，并注意勤换清凉新鲜水，以降温防病为原则；后期气温逐渐下降，葡萄茎又大量抽生，是结菇期，应维持田面 5 cm 浅水层，以利结菇。

慈菇以基肥为主，追肥为辅。追肥应根据植株生长情况而定，前期以氮肥为主，促进茎叶生长，后期增施磷、钾肥，利于球茎膨大。一般在定植后 10 天左右追第一次肥，亩施腐熟人粪尿 500 kg，或亩施尿素 7 kg，逐株离茎头 10 cm 旁边点施，或点施 45％三元复合肥，可生长更快。播植后 20 天结合中耕除草，在植后 40 天进行第二次追肥，亩施腐熟人粪尿 400 kg，或亩撒施尿素 10 kg，草木灰 100 kg，或花生麸 70 kg，以促株叶青绿，球茎膨大。第三次追肥在立冬至小雪前施下，称"壮尾肥"，促慈菇的快速结菇。每亩施腐熟人粪尿 400 kg，或尿素 8 kg 撒施，硫酸钾 16 kg，或 45％三元复合肥 35 kg。第四次在霜降前重施壮菇肥，每亩用尿粪 10 kg 和硫酸钾 25 kg 混匀施下，或施 45％三元复合肥 50 kg。这次追肥要快，不要拖延，太迟施会导致后期慢生，起不到壮菇作用。

7. 除草、剥叶、圈根、压顶芽头

从慈菇栽植至霜降前要耘田、除杂草 2～3 次。在耘田除草时，要结合进行剥叶（即剥除植株外围的黄叶，只留中心绿叶 5～6 片），以改善通风透光条件，减少病虫害发生。

圈根是指在霜降前后 3 天，在距植株 6～9 cm 处，用刀或用手插于土中 10 cm，转割一圈，把老根和葡萄茎割断。目的是使养分集中，促新葡萄茎生长，促球茎膨大，提高产量和质量。

如果慈菇种植过迟，不宜圈根，应用压顶芽头方式。压头是在10月下旬霜降前后进行，把伸出泥面的分株幼苗，用手斜压入泥中10 cm深处，以压制地上部生长，促地下部膨大成球茎。

8. 小龙虾放养前的准备工作

（1）清池消毒：和前面一样的方法与剂量。

（2）防逃设施：为了防止小龙虾在下雨天或因其他原因逃逸，防逃设施是必不可少的，根据经验，我们认为只要在放虾前2天做好就行，材料多样，可以就地取材，不过最经济实用的还是用60 cm的纱窗埋在埂上，入土15 cm，在纱窗上端缝一宽30 cm的硬质塑料薄膜即可。

（3）水草种植：在有慈菇的区域里不需要种植水草，但是在环沟里还是需要种植水草的，这些水草对于小龙虾度过盛夏高温季节是非常有帮助的。水草品种优选轮叶黑藻、马来眼子菜和光叶眼子菜，其次可选择苦草和伊乐藻，也可用水花生和空心菜，水草种植面积宜占整个环沟面积的40%左右。

放肥培水：在小龙虾放养前1周左右，在虾沟内亩施经腐熟的有机肥200 kg，用来培育浮游生物供虾取食。

9. 虾苗放养

在慈菇田里放养小龙虾，建议虾农可以在7月底到9月初放养抱卵小龙虾。

10. 饲养管理

（1）饲料投喂：在小龙虾养殖期间，小龙虾除可以利用慈菇的老叶、浮游生物和部分水草外，还是要投喂饲料的，具体的投喂种类和投喂方法与前面介绍的一样。

（2）池水调节：放养抱卵亲虾的池塘，在入池后，任其打洞穴居，不要轻易改变水位，一切按慈菇的管理方式进行调节。为了促进小龙虾蜕壳生长和保持水质清新，必须定期注冲新水。第二年4～5月水位控制在50 cm左右，每10天注冲水一次，每次10～

20 cm，6 月以后要经常换水或冲水，防止水质老化或恶化，pH 值在 6.8～8.4。

（3）生石灰泼洒：每半个月可用生石灰化水泼洒一次，每次每亩用量为 15 kg，可以有效地促进小龙虾的蜕壳。

（4）加强日常管理：在小龙虾生长期间，每天坚持早晚各巡塘一次，主要是观察小龙虾的生长情况以及检查防逃设施的完备性，看看池埂有无被小龙虾打洞造成漏水情况。

11. 病害防治

小龙虾的疾病很少，主要是预防敌害，包括水蛇、水老鼠、水鸟等。其次是发现疾病或水质恶化时，要及时处理。

慈菇的病害主要是黑粉病和斑纹病，发病初期，黑粉病用 25％的粉锈宁兑水 1000 倍或 25％的多菌灵兑水 500 倍交替防治；斑纹病用 50％代森锰锌兑水 500 倍或 70％的甲基托布津兑水 800～1000 倍交替防治。虫害有蚜虫、蛀虫、稻飞虱等，但绝大部分都会成为小龙虾的优质动物性饵料，不需要特别防治。

第五章　水草与栽培

第一节　水草的作用

在小龙虾的养殖中，水草的多少以及水草生长情况，对养虾成败非常重要，这是因为水草为小龙虾的生长发育提供有利的生态环境，提高苗种成活率，促进水质好转，降低了生产成本，对小龙虾养殖起着重要的增产增效的作用。据我们对养殖户的调查表明，老池塘种植水草的小龙虾产量比没有水草的池塘的小龙虾产量增产25％左右，每只规格增大 2～3.5 g，水草在小龙虾养殖中的作用具体表现在以下几点：

一、模拟生态环境

小龙虾的自然生态环境离不开水草，"虾大小，看水草""虾多少，看水草"，说的就是水草的生长覆盖率以及生长状况直接影响小龙虾的生长速度和肥满程度；在池塘中种植水草可以模拟和营造生态环境，使小龙虾产生"家"的感觉，有利于小龙虾快速适应环境和快速生长。

二、提供丰富的天然饵料

水草营养丰富，富含蛋白质、粗纤维、脂肪、矿物质和维生素等小龙虾需要的营养物质。池中的水草一方面为小龙虾生长提供了大量的天然优质的植物性饵料，弥补了人工饲料不足，降低了生产成本。水草中含有大量活性物质，小龙虾经常食用水草，能够促进胃肠功能的健康运转。另一方面小龙虾喜食的水草还具有鲜、嫩、脆的特点，便于取食，具有很强的适口性。同时水草多的地方，依赖水草生存的昆虫、小鱼、小虾、软体动物螺、蚌及底栖生物等也随之增加，又为小龙虾觅食生长提供了丰富的动物性饵料源。

三、净化水质

小龙虾喜欢在水草丰富、水质清新的环境中生活，水草通过光合作用，能有效地吸收池塘中的二氧化碳、硫化氢和其他无机盐类，降低水中氨氮含量，起到增加溶氧、净化、改善水质的作用，使水质保持新鲜、清爽，有利于小龙虾快速生长，为小龙虾提供生长发育的适宜生活环境。另外水草对水体的 pH 值也有一定的稳定作用。

四、隐蔽藏身

小龙虾蜕壳时，喜欢在水位较浅、水体安静的地方进行，在池塘中种植水草，形成水底森林，正好能满足小龙虾这一生长特性，因此它们常常攀附在水草上，丰富的水草形成了一个水下森林，既为小龙虾提供安静的环境，又有利于小龙虾缩短蜕壳时间，减少体能消耗，提高成活率。同时，小龙虾蜕壳后成为"软壳虾"，此时缺乏抵御能力，极易遭受敌害侵袭，水草可起隐蔽作用，使其同类及老鼠、水蛇等敌害不易发现，减少敌害侵袭而造成的损失。

五、提供攀附物

小龙虾有攀爬习性，尤其是阴雨天，只要在养虾塘中仔细观察，可见到水体中的水葫芦、水花生等的根茎部爬满了小龙虾，将头露出水面进行呼吸，因此水体中的水草为小龙虾提供了呼吸攀附物。另外水草还可以供小龙虾蜕壳时攀缘附着、固定身体，缩短蜕壳时间，减少体力消耗。

六、调节水温

养虾池中最适应小龙虾生长的水温是 20～30 ℃，当水温低于 20 ℃或高于 30 ℃时，都会使小龙虾的活动量减少，摄食欲望下降。如果水温进一步变化，小龙虾多数会进入洞穴中穴居，影响它的快速生长。在池中种植水草，在冬天可以防风避寒，在炎热夏季水草可为小龙虾提供一个凉爽安定的隐避、遮阴、歇凉的生长空间，能避免阳光直射，可以控制池塘水温的急剧升高，使小龙虾在高温季节也可正常摄食、蜕壳、生长，对提高小龙虾成品的规格起重要作用。

七、防病

科研结果表明，多种水草具有较好的药理作用，例如喜旱莲子草（即水花生）能较好地抑制细菌和病毒，小龙虾在轻微的病后，可以自行觅食，自我治疗，效果很好。

八、提高成活率

水草可以扩展立体空间，有利于减小小龙虾密度，防止和减少局部小龙虾密度过大而发生格斗和残食现象，避免不必要的伤亡。另一方面水草易使水体保持清新，增加水体透明度，稳定 pH 值，使水体保持中性偏碱，有利于小龙虾的蜕壳生长，提高小龙虾的成活率。

九、提高品质

小龙虾平时在水草上攀爬摄食，虾体易受阳光照射，有利于钙质的吸收沉积，促进蜕壳生长。另一方面，水草特别是优质水草，能促进小龙虾体表的颜色与之相适应，提高品质。再一个方面就是小龙虾常在水草上活动，能避免它长时间在洞穴中栖居，使小龙虾的体色更光亮，更洁净，更有市场竞争力。

十、有效防逃

在水草较多的地方，常常富积大量的小龙虾喜食的鱼、虾、贝、藻等鲜活饵料，使它们产生安全舒适的"家"的感觉，一般很少逃逸。因此虾池种植丰富优质的水草，是防止小龙虾逃跑的有效措施。

十一、消浪护坡

种植水草时，具有消浪护坡，防止池埂坍塌的作用。

第二节　水草的种类

在养虾池中，小龙虾需要的水草种类主要有苦草、轮叶黑藻、水花生、浮萍、伊乐藻、眼子菜、青萍、槐叶萍、满江红、箦藻、水车前、空心菜等。下面简要介绍几种常见水草的特性。

小龙虾池塘的水草主要分三种：一是沉水草，即完全生长在水下的植物，也叫底草，以伊乐藻、轮叶黑藻、苦草为主。二是挺水草，即从水底生长出水面的水草，挺水草的种类较多，有空心菜、水花生等。三是浮水草，即完全生长在水表面的植物，有水葫芦、浮萍等。其中以沉水草为主，沉水草具有更强的净化水质能力，能预防水浑浊，促进肥水，提高溶解氧的作用；其次是挺水草，主要为防止池塘缺氧情况，小龙虾可攀爬于水草侧身呼吸空气中的氧气。浮水草主要是吸收水中多余的有机物和营养物质，有一定的净化水质作用、攀爬作用。

一、伊乐藻

伊乐藻是从日本引进的一种水草，原产美洲，是一种优质、速生、高产的沉水植物，它的叶片较小，不耐高温，只要水面无冰即可栽培，水温 5 ℃以上即可萌发，10 ℃即开始生长，15 ℃时生长速度快，当水温达 30 ℃以上时，生长明显减弱，藻叶发黄，部分植株顶端会发生枯萎。对水质要求很高，非常适宜小龙虾的生长，小龙虾在水草上部游动时，身体非常干净。伊乐藻具有鲜、嫩、脆的特点，是小龙虾优良的天然饲料。在长江流域通常以 4～5 月和 10～11 月生物量达最高。

伊乐藻的种植方法主要以移栽为主，直接从原池塘扯出新鲜干净的伊乐藻，选择干净新鲜的水草，有的伊乐草挂脏严重且上面带有福寿螺幼体以及其他害虫和病菌，移栽水草的时候应当加强注意选择新鲜干净、白根较多的伊乐藻进行移栽，伊乐藻主要以无性生殖，将伊乐藻用手捏一把直接按捺于土中，如果选择的水草白根较多，可将白根较多的一头移栽在土壤会更快地生长繁殖，另外，在移栽过程应当控制好株距，前后左右控制在 6 m 以上以防后期水草爆满池塘，并且在移栽过程应当一次性将提前扯好的一把水草直接插入土壤，防止水草撒落在池塘底部，也是防止水草后期爆满于池塘。移栽伊乐藻的池塘水位保持在 20～30 cm，保持好水的透明度，沉水草需要接受充足的光照才能快速生长，同时施入一定的肥料促进其生长，肥料量具体根据土质情况施入，时刻关注水草生长状况，补充肥料和预防水质浑浊，预防水中浮游动物和其他水生动物对水草的破坏，结合水草生长速度进行水位的提高，达到养殖所需水位，淹没伊乐藻顶部。

二、苦草

苦草是典型的沉水植物，高 40～80 cm。地下根茎横生。苦草喜温暖，耐荫蔽，对土壤要求不严。它含有较多营养成分，也具有很强的水质净化能力，非常适宜在小龙虾池中栽种。3～4 月，水温升至 15 ℃以上时，苦草的球茎或种子开始萌芽生长。在水温

18～22 ℃时，经 4～5 天发芽，约 15 天出苗率可达 98% 以上。苦草在水底分布蔓延的速度很快，通常 1 株苦草 1 年可形成 1～3 m² 的群丛。6～7 月是苦草分蘖生长的旺盛期，9 月底至 10 月初达最大生物量，10 月中旬以后分蘖逐渐停止，生长进入衰老期。

苦草种植方式主要有两种，一种是直接撒种子，另外一种是将苦草植株进行移栽。

苦草采取播种的方法。当气温达 15～20 ℃时，每亩用草籽 1000 g，先将草籽装入蛇皮袋中，在水中浸泡 2～3 天，捞起连袋晒 1 天；取出草籽用搓衣板搓成泥状取出籽后，兑水稀释后按条状泼洒于水中，此时池塘保持水深 10 cm 左右，15～30 天可见幼苗后将水逐步加深 30～50 cm。5 月中旬能长至筷子长。

苦草植株移栽方法。水温高于 5 ℃即可直接进行移栽，将带根的苦草从池塘移出移栽于准备预栽的池塘，池塘水位略高于苦草植株高度，水体透明度较好，控制好株距在 3～5 m，直接将苦草根部插入土壤，最后根据生长状况进行加水，淹没苦草顶部大约 30 cm。

三、轮叶黑藻

1. 多年生沉水植物，茎直立细长，长 50～80 cm，广布于池塘、湖泊和水沟中，喜高温、生长期长、适应性好、再生能力强，小龙虾喜食。轮叶黑藻可移植也可播种，栽种方便，并且枝茎被小龙虾夹断后还能正常生根长成新植株，不会对水质造成不良影响。适合于光照充足的沟渠、池塘及大水面播种，轮叶黑藻被小龙虾夹断的每一枝节只要着泥均能重新生根入土，所以民间有"轮叶黑藻节节生根"之说，因此，轮叶黑藻是小龙虾养殖水域中极佳的水草种植品种。

2. 轮叶黑藻种植方法主要有两种，一是轮叶黑藻芽孢，二是水草植株直接进行移栽，芽孢为轮叶黑藻冬春季节的果实，春季水温在 15 ℃以上可直接将轮叶黑藻芽孢种子直接撒于水底，水位控制在 10 cm 以内，待发芽后，随植株高度而加深水位。另外水草植株直接进行移栽，种植方法和前面提到的伊乐藻一致。

四、金鱼藻

金鱼藻为沉水性多年生水草，全株深绿色。长 20～40 cm，群生于淡水池塘、水沟、稳水小河、温泉流水及水库中，是小龙虾极好的饲料，但水草种植难度大，叶片较脆弱，一般是自然生长，且水温高于22 ℃左右出现自然死亡，不建议种植该水草，水草死亡后会破坏底质。

五、菱

菱为一年生草本水生植物，叶片非常扁平光滑，具有根系发达、茎蔓粗大、适应性强、抗高温的特点，菱角藤长绿叶子，茎为紫红色，开鲜艳的黄色小花，既适宜做养殖小龙虾的水草，也适合和小龙虾进行混养。

六、茭白

茭白是挺水植物，株高 1～3 m，叶互生，性喜生长于浅水中，喜高温多湿，既适宜做养殖小龙虾的水草，也适合和小龙虾进行混养。

七、水花生

水花生是水生或湿生多年生宿根性草本植物，我国长江流域各省水沟、水塘、湖泊均有野生。水花生适应性极强，喜湿耐寒，抗寒能力也超过水葫芦和空心菜等水生植物，能自然越冬，气温上升到 10 ℃时即可萌芽生长，最适气温为 22～32 ℃。

八、水葫芦

水葫芦是一种多年生宿根浮水草本植物，高约 0.3 m，在深绿色的叶下，有一个直立的椭圆形中空的葫芦状茎，因其在根与叶之间有一葫芦状的大气泡，又称水葫芦。水葫芦须根发达，分蘖繁殖快，管理粗放，是美化环境、净化水质的良好植物。

由于水葫芦对其生活的水面采取了野蛮的封锁策略，挡住阳光，导致水下植物得不到足够光照，破坏水下动物的食物链，导致水生动物死亡。此外，水葫芦还有富集重金属的能力，死后腐烂体沉入水底形成重金属高含量层，直接杀伤底栖生物。有专家将它列为有害生物，所以我们在养殖小龙虾时可以利用，但一定要掌握度，不可过量。

九、紫萍

紫萍是生长在稻田、藕塘、池塘和沟渠等静水水体中的天然饵料。以色绿、背紫、干燥、完整、无杂质者为佳。

十、青萍

青萍属单子叶植物浮萍科。我国南北均有分布，生长于池塘、稻田、湖泊中，以色绿、干燥、完整、无杂质者为佳。

十一、芜萍

芜萍为多年生漂浮植物，椭圆形粒状叶体，没有根和茎，生长在小水塘、稻田、藕塘和静水沟渠等水体中。

十二、水浮莲

水浮莲为多年生草本植物，浮水或生于泥沼中。叶基生呈莲座状，繁殖方式以无性为主，依靠匍匐枝与母株分离方式，植株数量可在 5 天内增加一倍。常生于水库、湖泊、池塘、沟渠、流速缓慢的河道、沼泽地和稻田中。

十三、眼子菜

眼子菜为多年生沉水浮叶型的单子叶植物，喜凉爽至温暖、多光照至光照充足的环境。叶两型：沉水叶为互生，浮水叶对生或互生，披针形至窄椭圆形。

十四、菹草

菹草为多年生沉水草本植物，生于池塘、湖泊、溪流中，静水池塘或沟渠中较多，水体多呈微酸至中性。可做鱼虾的饲料或绿肥。菹草在秋季发芽，冬春生长，4～5 月开花结果，6 月后逐渐衰退腐烂。该草主要以自然生为主，不建议进行种植，水温高于 25℃左右则自然死亡。

第三节　种草技术

一、种草规划

养殖小龙虾的水域包括池塘、低洼田以及大水面的湖汊，要求水草分布均匀，种类搭配适当，沉水性、浮水性、挺水性水草要合理，水草种植最大面积不超过 1/4，其中深水处种沉水植物及一部分浮叶植物，浅水区为挺水植物。

二、品种选择与搭配

1. 根据小龙虾对水草利用的优越性，确定移植水草的种类和数量，一般以沉水植物和挺水植物为主，浮叶和漂浮植物为辅。

2. 根据小龙虾的食性移植水草，可多栽培一些小龙虾喜食的苦草、轮叶黑藻，其他品种水草适当少移植，起到调节互补作用，这对改善池塘水质、增加水中溶氧、提高水体透明度有很好的作用。

3. 一般情况下，养殖小龙虾不论采取哪种养殖类型，池塘中水草覆盖率都应该保持在 20%～30%，水草品种在两种以上。

三、种植类型

池塘或稻田可选择伊乐藻、苦草、轮叶黑藻。伊乐藻主要在低温下生长良好，适合冬季、春季、秋季种植，苦草和轮叶黑藻高温下生长良好，适合夏季种植，所以，移栽水草的时候可将低、高温水草进行搭配种植，移栽水草的时候注意株距，防止后期水草满塘，给管理带来麻烦。

四、栽培技术

1. 栽插法

这种方法适用于带茎水草，一般在小龙虾放养之前进行，首先浅灌池水，将伊乐藻、轮叶黑藻、金鱼藻、芰芝草、水花生等带茎水草切成小段，长度 20～25 cm，然后像插秧一样，均匀地插入池底。我们在生产中摸索到一个小技巧，就是可以简化处理，先用刀将带茎水草切成需要的长度，用手捏成一把，均匀分株移栽在池塘的底部，移栽的时候注意株距，防止后期爆满为管理和捕捞带来困难。

2. 抛入法

抛入法适用于浮叶植物，先将塘里的水位降至合适的位置，然后将莲、菱、荇菜、莼菜、芡实、苦草等的根部取出，露出叶芽，用软泥包紧根后直接抛入池中，使其根茎能生长在底泥中，叶能漂浮水面即可。

3. 播种法

播种法适用于种子发达的水草，目前最为常用的就是苦草了。

播种时水位控制在 15 cm，先将苦草籽用水浸泡一天，将细小的种子搓出来，然后加入 10 倍的细沙壤土，与种子拌匀后直接撒播，为了将种子均匀地撒开，沙壤土要保持略干为好。每亩水面用苦草籽 30～50 g。

4. 移栽法

移栽法适用于挺水植物，先将池塘降水至适宜水位，将蒲草、芦苇、茭白、慈菇等连根挖起，最好带上部分原池中的泥土，移栽前要去掉伤叶及纤细劣质的秧苗，移栽位置可在池边的浅滩处或者池中的小高地上，要求秧苗根部入水在 10～20 cm，进水后，整个植株不能长期浸泡在水中，随水草的生长速度提升水位，不可一次性把水位提得过高，否则会淹死水草。

5. 培育法

培育法适用于浮叶植物，它们的根比较纤细，这类植物主要有瓢莎、青萍、浮萍、水葫芦等，在池中用竹竿、草绳等隔一角落，也可以用草框将浮叶植物围在一起，进行培育。

五、栽培小技巧

一是水草在虾池中的分布要均匀，不宜一片多一片少。

二是水草种类不能单一，最好使挺水性、漂浮性及沉水性水草合理分布，保持相应的比例，以适应小龙虾多方位的需求，沉水植物为小龙虾提供栖息场所，漂浮植物为小龙虾提供饵料，挺水植物主要起护坡作用。

三是无论何种水草都要保证不能覆盖整个池面，至少留有池面 2/3 作为小龙虾自由活动的空间。

四是栽种水草主要在虾种放养前进行，如果需要也可在养殖过程中随时补栽。在补栽中要注意的是判断池中是否需要栽种水草，应根据具体情况来确定。

五是沉水植物移栽不要四处散落在池塘底部，注意控制株距，沉水植物移栽一般前后左右株距保证在 6 m 以上，否则后期容易出现水草爆塘。其次是移栽沉水植物时池水不宜过深，水透明度要好，控制水中吃草性浮游动物和水生动物，否则这些对沉水植物都是毁灭性的，很可能引起水草种植失败。最后是种植沉水草的池塘一定要是能避开外源水的池塘，如川渝地区大多虾塘为丘陵地带，没有设置排水沟的塘口，下雨外源水入塘引起水浑浊，不适合种植沉水草。

六是挺水植物的移栽，主要注意植物的根部入土问题，移栽挺水植物应当将有完整植物的根部插入泥土，才可保证植物快速定根，定根的挺水植物生长速度较快，植物未定根前生长速度缓慢且脆弱，挺水植物种植过程应时刻注意水位变化，不可淹没挺水植物的顶部和叶片，一旦大量淹水对生长都会是抑制作用。所以，挺水植物的种植和生长过程应随水草生长速度和高度而加水，且不宜种植在水位较深的区域。

七是浮水植物移栽要人为控制所在区域，防止风吹后四处漂动，以及爆满水表面，然后直接将移栽的水草丢放在所在水面即可。

第四节　水草的缺点

一、种植密度问题

由于很多虾农在池塘种植前追求草多，没有科学种植水草，导致后期池塘水草爆满，最后出现水草腐败，败坏水质，最直接的是影响小龙虾的捕捞，且大量的小龙虾偷死在茂盛的水草丛中。水草的种植结合池塘的建设模型进行，挺水植物生长在水位较浅的水域，水位太深容易淹死，而沉水植物则可以适应较深的水位，且可以吸收低洼处的淤泥层，浮水植物一定要控制其生长空间，以防满塘和风吹后四处漂浮，另外种植具体区域应当充分考虑到水草后期的长势，防止因水草过多给捕捞带来困难，预留更多空间给予后期捕捞小龙虾用的地笼。

二、对肥水的影响

大量的水草一是会吸收水中的营养元素，造成水体缺乏营养元素从而肥水难度大，提高了生产成本。沉水植物太多白天光合作用太强，引起白天 pH 过高从而影响肥水。二是阻碍水体的光照，阻碍藻类光合作用释放氧气，引起水质指标不稳定，从而引起小龙虾应激死亡。

三、影响 pH 值

沉水草过多的池塘白天光合作用太强，引起 pH 值过高，小龙虾出现蜕壳不遂。

四、影响溶解氧

挺水植物覆盖过多对于精养塘口，影响水面流动性，阻碍了空气中氧气进入水体。沉水植物过多则阻碍水体内部流动，池塘垃圾不易从水体挥发出去。

五、影响捕捞

水草越多的虾塘，捕捞难度越大，捕捞成本更大，且小龙虾偷死情况明显。

六、影响水质

水草种植不科学加上后期管理不善，会加速水草的死亡或者是生长不良，死亡或者生长不良的水草不仅缺乏净化水质能力，反而给水体带来耗氧有机物以及氨氮亚硝酸等有害物质。

　　综上所述，水草种植养殖小龙虾不可忽略其缺点，小龙虾虽喜水草，但是它的呼吸系统和营养主要是来源于水体，水质指标是最重要的，水草的良好生长会促进水质指标良好，但是很可能带来反效应，所以水草管理工作对于虾农来说至关重要。

第六章　小龙虾的病害防治

野生环境下，小龙虾的适应性和抗病能力都很强，因此目前发现的疾病较少，常见的病和河蟹、青虾、罗氏沼虾等甲壳类动物疾病相似。

由于小龙虾患病初期不易发现，一旦发现，病情就已经不轻，用药治疗作用较小，疾病不能及时治愈，导致大批死亡而使养殖者陷入困境。所以防治小龙虾疾病要采取"预防为主、防重于治、全面预防、积极治疗"等措施，控制虾病的发生和蔓延。

第一节　病害原因

为了及时掌握发病规律和防止虾病的发生，首先必须了解发病的原因。小龙虾发病原因比较复杂，既有外因也有内因。查找根源时，不应只考虑某一个因素，应该把外界因素和内在因素联系起来加以考虑，才能正确找出发病的原因。

一、环境因素

影响虾类健康的环境因素主要有水温、水质、化学物质等。

1. 水温

小龙虾的体温随外界环境尤其是水体的水温变化而发生改变，当水温发生急剧变化时，机体由于适应能力不强而发生病理变化乃至死亡。

2. 水质

水质直接关系到小龙虾的生长，影响水质变化的因素有水体的酸碱度（pH）、溶氧（DO）、有机耗氧量（BOD）、透明度、氨氮含量及微生物等理化指标。在这些适宜的范围内，小龙虾生长发育良好，一旦水质环境不良，就可能导致小龙虾生病或死亡。

3. 化学物质

池水化学成分的变化往往与人们的生产活动、周围环境、水源、生物活动（鱼虾类、浮游生物、微生物等）、底质等有关。如虾池长期不清塘，池底堆积大量没有分解的剩余饵料、水生动物粪便等，这些有机物在分解过程中，会大量消耗水中的溶解氧，同时还会放出硫化氢、沼气、碳酸气等有害气体，毒害小龙虾。含有一些重金属毒物（铝、锌、汞）、硫化氢、氯化物等物质的废水如进入虾池，也会引起小龙虾的大量死亡。

二、病原体

导致小龙虾生病的病原体有真菌、细菌、病毒、原生动物等，这些病原体是影响小龙虾健康的罪魁祸首。另外，还有些直接吞食或直接危害小龙虾的敌害生物，如池塘内的青蛙会吞食软壳小龙虾，池塘里如果有乌鳢生存，对小龙虾的危害也极大。

三、自身因素

小龙虾自身因素的好坏是抵御外来病原菌的重要因素，一尾自体健康的小龙虾能有效地预防部分疾病的发生，软壳虾对疾病的抵抗能力就要弱得多。

四、人为因素

1. 操作不慎

在饲养过程中，经常要给虾池换水、清洗网箱、捞虾、运输，有时会因操作不当或动作粗糙，导致碰伤小龙虾，造成附肢缺损或自切损伤，这样很容易使病菌从伤口侵入，使小龙虾感染患病。

2. 外部带入病原体

从自然界中捞取活饵、采集水草和投喂时，由于消毒、清洁工作不彻底，可能带入病原体。

3. 饲喂不当

大规模养虾基本上是靠人工投喂饲养，如果投喂不当，投食不清洁或变质的饲料，或饥或饱及长期投喂干饵料，饵料品种单一，饲料营养成分不足，缺乏动物性饵料和合理的蛋白质、维生素、微量元素等，这样小龙虾就会缺乏营养，造成体质衰弱，就容易感染患病。当然投饵过多，投喂的饵料变质、腐败，易引起水质腐败，促进细菌繁衍，导致小龙虾生病。

4. 环境调控不力

小龙虾对水体的理化性质有一定的适应范围。如果单位水体内载虾量太多，易导致生存的生态环境很恶劣，加上不及时换水，虾和鱼的排泄物、分泌物过多，二氧化碳、氨氮增多，微生物孳生，蓝绿藻类浮游植物生长过多，都可使水质恶化，溶氧量降低，使虾发病。

5. 放养密度不当和混养比例不合理

合理的放养密度和混养比例能够增加虾产量，但放养密度过大，会造成缺氧，并降低饵料利用率，引起小龙虾的生长速度不一致，大小悬殊，同时由于虾缺乏正常的活动空间，加之代谢物增多，会使其正常摄食生长受到影响，抵抗力下降，发病率增高。另外不同规格的虾同池饲养，在饵料不足的情况下，易发生以大欺小和相互咬伤现象，造成较高的发病率。当然鱼、虾类在混养时应注意比例和规格，如比例不当，不利于小龙虾的生长。

6. 饲养池及进排水系统设计不合理

饲养池特别是其底部设计不合理时，不利于池中的残饵、污物的彻底排出，易引起水质恶化使虾发病。进排水系统不独立，一池虾发病往往也传播到另一池虾发病。这种情况特别是在大面积精养时或水流池养殖时更要注意预防。

7. 消毒不够

虾体、池水、食场、食物、工具等消毒不够，会使虾的发病率大大增加。

第二节　小龙虾疾病的防治措施

小龙虾疾病防治应本着"防重于治、防治相结合"的原则，贯彻"全面预防、积极治疗"的方针。目前常用的预防措施和方法有以下几点。

一、防重于治的原则

防重于治是防治动、植物疾病的共同原则，对于饲养的小龙虾而言，意义更大。这是因为：

首先，小龙虾生病在早期难以发现，因此诊断和治疗都比较麻烦。小龙虾生活在水中，它们的活动、摄食等情况不易看清，这给正确诊断虾病增加了困难，另外治疗虾病也不是件容易的事，家畜、家禽可以采用口服或注射法进行治疗，而对病虾，特别是幼虾，是无法采用这些方法的。

其次，由于小龙虾生病后，大多数已不摄食，又无法强迫它们摄食和服药，因此，患病后的小龙虾不能得到应有的营养和药物治疗。对小龙虾疾病用口服法治疗，只限于尚在摄食的病虾。

再次，就是大规模饲养小龙虾，当发现其中有小龙虾生病时，就表明池塘里的小龙虾可能都有不同程度的感染。若将药物混入饵料中投喂，结果必然是没有患病的虾吃药多，病情越重的虾吃得越少，导致药物在患病虾的体内达不到治病的剂量。另外某些虾病发生以后，如患肠炎病的病虾已失去食欲，即便是特效药，也无法进入虾体。

第四，就是虾病蔓延迅速，一旦有几尾虾生病，往往会给全池带来灭顶之灾，更让养殖户心焦的是，现在专门为虾类研制的特效药非常少，相当一部分虾药就是沿用兽药。

正是由于这些原因，在治疗虾病时，想要做到每次都药到病除是不现实的。因此，虾病主要依靠预防。即使发现病虾后进行药物治疗，主要目的也只能是预防同一水体中那些尚未患病的虾受感染和治疗病情较轻或者处于潜伏感染的小龙虾，病情严重的小龙虾是难以治疗康复的。实践证明，在饲养管理中贯彻"以防为主"的方针，做好相应工作，可以有效地预防虾病的发生。

二、容器的浸泡和消毒

1. 水泥池的处理

对刚修建的水泥池，使用前一定要经过认真洗净，还须盛满清水浸泡数天，进行"退火"或"去碱"。

对长期不用的容器，在使用前均应用盐水或高锰酸钾溶液消毒浸洗后才能使用。

2. 池塘处理

小龙虾进池前都要消毒清池，消毒方法前文已有详细介绍，在此不再赘述。

三、加强饲养管理

小龙虾生病，可以说大多数是由于饲养管理不当而引起的。所以加强饲养管理，改善水质环境，做好"四定"的投饲技术是防病的重要措施之一。

定质：饲料新鲜清洁，不喂腐烂变质的饲料。

定量：根据不同季节、气候变化、小龙虾食欲和水质情况适量投饵。

定时：投饲要有一定时间。

定点：设置固定饵料台，可以观察小龙虾吃食，及时查看小龙虾的摄食能力及有无病症，同时也方便对食场进行定期消毒。

四、控制水质

小龙虾养殖用水，一定要杜绝和防止引用工厂废水，使用符合质量要求的水源。定期换冲水，保持水质清洁，减少粪便和污物在水中腐败分解而释放有害气体，调节池水水质。要定期用生石灰全池泼洒，或定期泼洒光合细菌，消除水体中的氨氮、亚硝酸盐、硫化氢等有害物质，保持池水的酸碱度平衡和溶氧水平，使水体中的物质始终处于良性循环状态，解决池水老化等问题。

五、做好药物预防

1. 小龙虾消毒

在小龙虾投放前，最好对虾体进行科学消毒，常用方法有3%~5%的食盐水浸洗5分钟。

2. 工具消毒

日常用具，应经常暴晒和定期用高锰酸钾、敌百虫溶液或浓盐冷开水浸泡消毒。尤其是接触病虾的用具，更要隔离消毒专用。

3. 食场消毒

食场是小龙虾进食之处，由于食场内常有残存饵料，时间长了或高温季节腐败后可成为病原菌繁殖的培养基，就为病原菌的大量繁殖提供了有利场所，很容易引起小龙虾细菌感染，导致疾病发生。同时食场是小龙虾最密集的地方，也是疾病传播的地方，因此对于养殖固定投饵的场所，也就是食场，要进行定期消毒，是有效的防治措施之一，通常有药物悬挂法和泼洒法两种。

(1) 药物悬挂法：常用于食场消毒的悬挂药物主要有漂白粉，悬挂的容器有塑料袋、布袋、竹篓，装药后，以药物能在5小时左右溶解完为宜，悬挂周围的药液达到一定浓度就可以了。在虾病高发季节，要定期进行挂袋预防，一般每隔 15～20 天为 1 个疗程，可预防细菌性皮肤病和烂鳃病。药袋最好挂在食台周围，每个食台挂 3～6 个袋。漂白粉挂袋每袋 50 g，每天换 1 次，连续挂 3 天。

（2）泼洒法：每隔 1～2 周在小龙虾吃食后用漂白粉消毒食场 1 次，用量一般为 250 g，将溶化的漂白粉泼洒在食场周围。

食场周围的药物浓度不宜过高或过低。理由很简单，药物浓度过低，小龙虾虽然来吃食了，但是药效太低而不能达到预防疾病的目的；药物浓度高了，小龙虾会产生应激反应，根本就不来吃食，当然也就起不到预防效果了。所以第一次在食场周围挂袋预防后，操作人员要辛苦一些，蹲在食场周围观察 2～3 小时，看看小龙虾是不是正常来吃食，如果小龙虾到达食场的数量要比平时少得多或根本看不到小龙虾到食场周围觅食，就说明药物浓度过高了，应及时减少用药量。如果小龙虾到食场周围数量和平时没有两样，说明药物可能少了一点，应及时加点剂量。最好的表现就是小龙虾到食场周围了，也有觅食要求，但数量要比平时少 20％～30％，而且在表现上有的虾吃食，有的虾不吃食，在周围到处逛逛，这说明药物浓度基本适中。在操作时可以采用少量多点的方法，也就是一次在食场周围挂 8～10 个药袋，每个药袋内装 80～150 g 漂白粉，具体的用量应根据食场大小和周围的水深以及小龙虾的反应而作适当调整。当然为了提高药物预防的效果，保证小龙虾在挂袋用药时仍然前来吃食，在挂药前应适当停药 1～2 天，并在停药前有意识地选择小龙虾最爱吃的动物性饵料，投喂量只能满足平时的 70％，这样就能保证挂药后小龙虾仍然能及时到食场周围觅食。

4. 适时使用水环境保护剂

水环境保护剂能够改善和优化养殖水环境，并促进养殖动物正常生长、发育和维护其健康，在池塘养殖中更要注意及时添加，通常每月使用 1～2 次。根据科研人员的研究发现，它的作用主要是净化水质，防止底质酸化和水体富营养化；补充氧气，增强小龙虾的摄食能力；抑制有害物质的增加和抑制有害细菌繁殖；促使有益藻类稳定生长，抑制有害藻类繁殖等。

六、培育和放养健壮苗种

放养健壮和不带病原的小龙虾苗种是养殖生产成功的基础，培育的技巧包括几点：一是亲本无毒；二是亲本在进入产卵池前进行严格的消毒，以杀灭可能携带的病原；三是孵化设施要消毒；四是育苗用水要洁净；五是尽可能不用或少用抗生素；六是培育期间饵料要好，不能投喂变质腐败的饵料。

七、合理放养，减少小龙虾自身的应激反应

合理放养包含两方面的内容：一是放养小龙虾的密度要合理，二是混养的不同种类的搭配要合理。合理放养是对养殖环境的一种优化管理，能促进生态平衡和保持养殖水体中正常菌丛，调节微生态平衡，起到预防传染病暴发流行的作用。

第三节 科学用药

一、药物选用的基本前提

药物选择正确与否直接关系到疾病的防治效果和养殖效益，所以我们在选用药物时，要讲究几条基本原则。

1. 有效性原则

为使患病小龙虾尽快好转和恢复健康，减少生产上和经济上的损失，在用药时应尽量选择高效、速效和长效的药物，用药后的有效率应达到70%以上。

2. 安全性原则

药物的安全性主要表现在以下三个方面。一是药物在杀灭或抑制病原体的有效浓度范围内对小龙虾本身的毒性损害程度要小，因此有的药物疗效虽然很好，只因毒性太大在选药时不得不放弃，而改用疗效居次、毒性作用较小的药物。二是对水环境的污染及其对水体微生态结构的破坏程度要小，甚至对水域环境不能有污染。三是对人体健康的影响程度也要小，在小龙虾被食用前应有一个停药期，并要尽量控制使用药物，特别是对确认有致癌作用的药物，如孔雀石绿、呋喃丹、敌敌畏、六六六等，应坚决禁止使用。

3. 廉价性原则

选用药物时，应多做比较，尽量选用成本低的鱼药。许多药物，其有效成分大同小异，或者药效相当，但相互间价格相差很远，对此，要注意选用药物。

4. 方便性原则

由于给小龙虾用药极不方便，可根据养殖品种以及水域情况，确定到底是使用泼洒法、口服法，还是浸泡法给药，应选择疗效好、安全、使用方便的用药方法。

二、辨别药物的真假

辨别药物的真假可按下面三个方面判断：

1. "五无"型的药物

"五无"即无商标标识、无产地（无厂名厂址）、无生产日期、无保存期、无合格许可证。这种连基本的外包装都不合格，请想想看，这样的药物会合格吗？会有效吗？这是最典型的假药。

2. 冒充型药物

这种冒充表现在两个方面，一种情况是商标冒充，主要是一些见利忘义的药物厂家发现市场俏销或正在宣传的药物时即打出同样包装、同样品牌的产品或冠以"改良型产品"；另一种情况就是一些生产厂家利用一些药物的可溶性特点将一些粉剂药物改装成水剂药物，然后冠以新药来投放市场。这种冒充型的假药具有一定的欺骗性，普通的养殖户一般难以识别，需要专业人员进行及时指导帮助才行。

3.夸效型药物

具体表现就是一些药物生产企业不顾事实，肆意夸大诊疗范围和效果，有时我们可见到部分药物包装袋上的广告是天花乱坠，包治百病，实际上疗效不明显或根本无效，见到这种能治所有虾病的药物可以摒弃不用。

三、按规定的剂量和疗程用药

一般泼洒用药连续 3 天为一个疗程，内服用药 3～7 天为一个疗程。在防治疾病时，必须用药 1～2 个疗程，至少用 1 个疗程，保证治疗彻底，否则疾病易复发。有一些养殖户为了省钱，往往看到虾的病情有一点好转时，就不再用药了，这种用药方法是不值得提倡的。

在小龙虾疾病的防治上，不同的剂型、不同的用药方式，对药效的影响是不同的，例如内服药的剂量是按小龙虾体重来计算的，而外用消毒药物的剂量则是按照小龙虾生活的水体体积来计算的，不同的剂量不仅可以产生药物作用强度的变化，甚至还能产生药物质的变化。当药物剂量过小时，对小龙虾疾病的防治起不到任何作用，那么我们就将能够使病虾产生药效作用的最小剂量称为最小有效量；当药物持续运用到一定量，甚至达到小龙虾所能忍受的最大剂量但并没有中毒，这时的最大剂量称为最大耐受量。我们在防治虾病时，对药物的使用范围都是集中在最小有效量和最大耐受量之间，也就是我们常说的安全范围，在这个安全范围内，随着药物剂量的增加，药物的效果也随之增加。在具体应用时，这个剂量要灵活掌握，它还与小龙虾的健康状况、使用环境、药物剂量等多种因素有关。

四、科学计算用药量

虾病防治上，内服药的剂量通常按小龙虾体重计算，外用药则按水的体积计算。

1. 内服药

首先应比较准确地推算出养殖水体内小龙虾的总重量，然后折算出给药量的多少，再根据小龙虾环境条件、吃食情况确定出小龙虾的吃饵量，再将药物混入饲料中制成药饵进行投喂。

2. 外用药

先算出水的体积。水体的面积乘以水深就得出体积，再按施药的浓度算出药量，如施药的浓度为 1 mg/L，则 1 m³ 水体应该用药 1 g。

如某口虾池长 100 m，宽 40 m，平均水深 1.2 m，那么使用药物的量就应这样推算：虾池水体的体积是 100 m×40 m×1.2 m＝4800 m³，假设某种药的用药浓度为 0.5 g/m³，那么按规定的浓度算出药量为 4800×0.5＝2400（g）。那么这口虾池就需用药 2400 g。

在为小龙虾养殖户提供技术服务时，我们常常发现一个现象，就是一些养殖户在用药时会自己随意加大用药量，有的甚至比我们为他开出药方的剂量高出 3 倍左右。养殖户加大鱼药剂量的随意性很强，可能今天用 1 mg/L 的量，明天就敢用 3 mg/L 的量，在其看来，用药量大了，就会起到更好的治疗效果。这种观念是非常错误的，任何药物只有在合适的剂量范围内，才能有效地防治疾病。如果剂量过大甚至达到小龙虾致死浓度时则会发生小龙虾药物中毒事件。所以用药时必须严格掌握剂量，不能随意加大剂量，当然也不要随意减少剂量。根据实践经验，为了给患病小龙虾起到更好的治疗作用，在开出鱼病用药处方时，我们会结合小龙虾的身体情况、水环境情况和药物的特征，在剂量上已经适当提高了 10% 左右，基本上处于生产第一线的水产科技人员都是这么做的，所以一且养殖户随意加大用量，极有可能会导致小龙虾中毒死亡。

五、正确的用药方法

小龙虾患病后，首先应对其进行正确而科学的诊断，根据病情病因确定有效的药物；其次是选用正确的给药方法，充分发挥药物的效能，尽可能地减少副作用。不同的给药方法，决定了对虾病治疗的不同效果。

常用的小龙虾给药方法有以下几种：

1. 挂袋（篓）法

挂袋（篓）法即局部药浴法，把药物尤其是中草药放在自制布袋或竹篓或袋泡茶纸滤袋里挂在投饵区中，形成一个药液区，当小龙虾进入食区或食台时，使小龙虾得到消毒和杀灭体外病原体的机会。通常要连续挂 3 天，常用药物为漂白粉。另外池塘四角水体循环不畅，病菌病毒容易孳生繁衍；靠近底质的深层水体，有大量病菌病毒生存；固定食场附近，小龙虾和混养鱼的排泄物、残剩饲料集中，病原物密度大。对这些地方，必须在泼洒消毒药剂的同时，进行局部挂袋处理，比重复多次泼洒药物效果好得多。

此法只适用于预防及疾病的早期治疗。优点是用药量少，操作简便，没有危险及副作用小。缺点是杀灭病原体不彻底，因只能杀死食场附近水体的病原体和常来吃食的小龙虾身体表面的病原体。

2. 浴洗（浸洗）法

这种方法就是将小龙虾集中到较小的容器中，放在按特定配制的药液中进行短时间强迫浸浴一下，来达到杀灭小龙虾体表和鳃上的病原体的一种方法，它适用于小龙虾苗种放养时的消毒处理。

浴洗法的优点是用药量少，准确性高，不影响水体中浮游生物生长。缺点是不能杀灭水体中的病原体，所以通常配合转池或运输前后预防消毒用。

3. 泼洒法

泼洒法就是根据小龙虾的不同病情和池中总的水量算出各种药品剂量，配制好特定浓度的药液，然后向虾池内慢慢泼洒，使池水中的药液达到一定浓度，从而杀灭小龙虾身体及水体中的病原体。

泼洒法的优点是杀灭病原体较彻底，预防、治疗均适宜。缺点是用药量大，易影响水体中浮游生物的生长。

4. 内服法

内服法就是把治疗小龙虾疾病的药物或疫苗掺入小龙虾喜吃的饲料，或者把粉状的饲料挤压成颗粒状、片状后投喂小龙虾，从而达到杀灭小龙虾体内病原体的一种方法。但是这种方法常用于预防或虾病初期，同时，这种方法有一个前提，即小龙虾自身一定要有食欲的情况下使用，一旦病虾已失去食欲，此法就不起作用了。

5. 浸沤法

浸沤法只适用于中草药预防虾病，将草药扎捆浸沤在虾池的上风头或分成数堆，杀死池中及小龙虾体外的病原体。

6. 生物载体法

生物载体法即生物胶囊法。当小龙虾生病时，一般都会食欲大减，生病的小龙虾很少主动摄食，要想让它们主动摄食药饵或直接喂药就更难，这个时候必须把药包在小龙虾特别喜欢吃的食物中，特别是鲜活饵料中，就像给小孩喂食糖衣药片或胶囊药物一样可避免药物异味引起厌食。生物载体法就是将饵料生物作为运载工具把一些特定的物质或药物摄取后，再由小龙虾摄食到体内，经消化吸收而达到治疗疾病的目的，这类载体饵料生物有丰年虫、轮虫、水蚤、面包虫及蝇蛆等天然活饵。常用的生物载体是丰年虫。

六、目前小龙虾药品大类

1. 底改类

小龙虾为底栖动物，对池塘底部环境要求高，目前市场底改药品主要以过硫酸氢钾复合盐为主。

2. 解毒类

小龙虾池塘多种植水草，且生物活动量相对于鱼类更狭窄，水体中上层一般生物量低，水体多呈现瘦、难肥。解毒类保健品以吸附、络合水中肥水的不利因子，促进肥水。解毒类保健品主要以多元有机酸为主。

3. 消毒类

可用于小龙虾池塘的消毒药品有二氧化氯、复合碘、生石灰等，具体使用结合水体 pH 等指标进行选择。

4. 调水类

调节水质主要以各种有益菌种为主，小龙虾池塘水质容易泛浑发瘦，菌种的使用可促进肥水培藻，用得最多的是枯草芽孢杆菌、光照细菌、各种复合菌种，视情况具体使用各类微生物菌种进行水质调节。

5. 物理作用

小龙虾池塘在处理水质问题时通常使用较多物理性物质协助调节水质，如处理池塘青苔常常加入腐殖酸钠，处理水浑浊使用沸石粉等物理吸附性物质，物理性物质辅助调节水质，主要以菌类、各种营养元素供给池塘为主。

第四节　小龙虾主要疾病及防治

一、黑鳃病

（1）症状：鳃受多种弧菌、真菌大量繁殖感染变为黑色，引起鳃萎缩、局部霉烂，病虾往往行动迟缓，伏在岸边不动，最后因呼吸困难而死。另外池塘底质严重污染，池水中有机碎屑较多，这些碎屑随着呼吸附于鳃丝，也会使鳃呈黑色，影响虾的呼吸。虾体长期缺乏维生素，使虾体正常生理活动受到影响，也会导致小龙虾体质变弱，鳃丝发黑，可引起小龙虾的大量死亡。

（2）防治：①放养前彻底用生石灰消毒，经常加注新水、保持水质清新。②保持饲养水体清洁，溶氧充足，水体定期洒一定浓度的生石灰，进行水质调节。③经常清除虾池中的残饵、污物。④把患病虾放在每立方水体3%～5%的食盐中浸洗2～3次，每次3～5分钟。⑤用二氧化氯 0.3×10^6 浓度全池泼洒消毒，并迅速换水。

二、烂鳃病

（1）症状：由于多种弧菌、真菌大量侵入鳃部组织导致鳃丝发黑、局部霉烂，造成鳃丝缺损，排列不整齐，严重时引起病虾死亡。此病一般都发生在水质不清洁、溶氧量低、池底有机质较多的池塘中。

（2）防治：①经常清除虾池中的残饵、污物，加强池底改良措施，及时注入新水，保持良好的水体环境，保持水体中溶氧在 4 mg/L 以上，避免水质被污染。②种植水草或放养绿萍等水生植物。彻底换水，使水质变清、变爽，如若不能大量换水，则使用水质改良剂进行水质改良。③用二氯海因 0.1 mg/L 或溴氯海因 0.2 mg/L 全池泼洒，隔天再用 1 次，可以起到较好的治疗效果。④按每立方米养殖水体 2 g 漂白粉用量，溶于水中后泼洒，疗效明显。⑤每亩每米施用池底改良活化素 20～30 kg ＋复合芽孢杆菌 250 g，以改善底质和水质。⑥用强氯精 0.3 mg/L 或漂粉精 0.5 mg/L 化水全池泼洒。

三、其他鳃病

小龙虾主要是靠鳃进行呼吸，所以它的鳃疾病也比较多，下面是一些不太常见的鳃病，由于它们的特征、危害情况和防治情况有相通之处，故放在一起进行表述。

（1）红鳃病：是由于虾池长期缺氧及某种弧菌侵入虾血液内而引起的全身性疾病。病虾鳃部由黄色变成粉红色至红色，鳃丝增厚，鳃丝加大，虾体附肢变成红色或深红色。

（2）白鳃病：多发生在藻类大量繁殖、池水 pH 值过高和长期不换水、造成水质败坏的池塘。病虾鳃部明显变白，鳃丝增生。

（3）黄鳃病

藻类寄生，也可能是细菌感染。病虾初期鳃部为淡黄色，中期鳃部呈橙黄色，后期为土黄色，行动呆滞，不摄食。

防治：①用"富氯"0.2 mg/L 全池均匀泼洒，每 3 天一次。②采用二氧化氯 2～3 mg/L 溶液浸浴，连续使用 2～4 次即可治愈。

四、甲壳溃烂病

（1）症状：虾体在运输过程中碰伤、池底恶化、水质不好、营养不良而导致弧菌等细菌大量繁殖引起该病。病虾甲壳局部出现黑褐色溃疡斑点，严重时斑点边缘溃烂、出现较大或较多空洞导致病虾内部感染，有时触须、尾扇、附肢也有褐斑或断裂。发病小龙虾活力极差，摄食下降或停食，常浮于水面或匍匐于水边草丛，直至死亡。

（2）防治：①加强水质管理，用池底改良活化素结合光合细菌或复合芽孢杆菌调节水质。②动作轻缓，尽量使虾体不受或少受外伤，捕捞、运输和投放虾苗虾种时，不要堆压和损伤虾体。③改善水质条件，精心管理、喂养，实行"四定"投饵，避免残饵污染水质，并提供足量的隐蔽物。④每亩用 5～6 kg 的生石灰全池泼洒。

五、烂尾病

（1）症状：由于小龙虾受伤、相互蚕食或被几丁质分解细菌感染引起的。病虾尾部有水疱，边缘溃烂、坏死或残缺不全，随着病情的恶化，溃烂由边缘向中间发展，严重感染时，病虾整个尾部溃烂掉落，甚至会导致小龙虾死亡。

（2）防治：①运输和投放虾苗虾种时，不要堆压和损伤虾体。②合理放养，控制放养密度，调控好水源。③饲养期间饲料要投足、投匀，防止虾因饲料不足而相互争食或残杀。④每亩水面用强氯精等消毒剂化水全池泼洒，病情严重的连用两次，中间间隔一天。⑤全池泼洒二溴海因 0.3 mg/L。

六、肌肉变白坏死病

（1）症状：由于盐度过高，密度过大，温度过高，水质受污染，溶氧过低等不良的环境因子刺激而引起。特别是以上因素突变时易发此病。起初只是尾部肌肉变白，而后虾体前部的肌肉也变白，导致肌肉坏死而死亡。

（2）防治：①控制放养密度。②在亲虾运输、幼体下塘时注意水的温差不能太大，平时保持水质清新，溶氧充足，可减少发病。③养殖池塘在高温季节要防止水温升高过快或突然变化，应经常换水，注入新水及增氧。④改善环境条件，保持水质良好。

七、出血病

（1）症状：由气单胞菌引起的，病虾体表布满了大小不一的出血斑点，特别是附肢和腹部，肛门红肿，一旦染病，很快就会死亡。

（2）防治：①发现病虾要及时隔离，并对虾池水体整体消毒，水深 1 m 的池子，每亩用生石灰 25～20 kg 全池泼洒，最好每月泼洒一次。②内服药物用盐酸环丙沙星按 1.25～1.5 g/kg 拌料投喂，连喂 5 天。

八、纤毛虫病

（1）症状：累枝虫、聚缩虫、单缩虫和钟形虫等纤毛虫附着在虾和受精卵的体表、附肢、鳃上，肉眼观察可以看见小龙虾的外壳表面有一层比较脏的东西附着，用水很难清洗掉，这些纤毛虫会妨碍虾的呼吸、游泳、活动、摄食和蜕壳，影响生长发育，病虾行动迟缓，对外界刺激无敏感反应，大量附着时，会引起虾缺氧而窒息死亡。

（2）防治：①彻底清塘消毒，杀灭池中的病原，经常加注新水、换水，保持水质清新。②在养殖过程中经常采用池底改良活化素、光合细菌、复合芽孢杆菌改善水质和底质，降低水的有机质含量。③用硫酸铜、硫酸亚铁（5∶2）0.7 g/m³全池泼洒。④用3%～5%的食盐水浸洗，3～5 天为一个疗程。⑤将患病的小龙虾在2×10⁸醋酸溶液中药浴 1 分钟，大部分固着类纤毛虫即被杀死。

九、烂肢病

（1）症状：能分解几丁质的弧菌侵袭到小龙虾体内，病虾腹部及附肢腐烂，呈铁锈色或烧焦状，肛门红肿，摄食量减少甚至拒食，活动迟缓，严重者死亡。

（2）防治：①在捕捞、运输、放养等过程中要小心，不要让虾受伤。②加强水质管理，用池底改良活化素结合光合细菌或复合芽孢杆菌调节水质。③放养前用3%～5%的盐水浸泡数分钟。④发病后全池泼洒二溴海因 0.2 mg/L。

十、水霉病

（1）症状：由于水霉菌丝侵入虾体后导致该病的发生，病虾伤口部位长有棉絮状菌丝，虾体消瘦乏力，行动迟缓，摄食减少，伤口部位组织溃烂蔓延，在体表形成肉眼可见的"白毛"，严重导致死亡。小龙虾在捕捞、运输或过池搬运过程中易感染此病，在水质恶化、体质虚弱时也易感染该病，水霉病严重时可造成小龙虾死亡。

（2）防治：①在捕捞、运输、放养等操作过程中小心仔细，不要让虾体受伤，虾苗进池后，可泼洒些消毒药物（如强氯精、漂粉精、二氧化氯等）。②大批蜕壳期间，增加动物性饲料，减少同类互残。③每 100 kg 饲料加克霉唑 50 g 制成药饵连喂 5～7 天。④双季铵碘或二氧化氯 0.3～0.4 mg/L 全池泼洒，连用 2 次。

十一、软壳病

（1）症状：患病虾的甲壳薄，明显变软（非蜕壳引起），与肌肉分离，易剥离，活动力减弱，生长缓慢，体色发暗。发生的原因主要有以下几种：一是投饵不足或营养长期不足，小龙虾长期处于饥饿状态；二是换水量不足或长期不换水；三是有机磷杀虫剂抑制甲壳中几丁质的合成；四是池塘水质老化，有机质过多，或放养密度过大，pH 值低，从而引起小龙虾的软壳病。

（2）防治：①适当加大换水量，改善养殖水质，供应足够的优质饲料。②每亩施用复合芽孢杆菌 250 mL/m³，促进有益藻类的生长，并调节水体的酸碱度。

十二、黑壳病

（1）症状：主要是一些附着性硅藻、褐藻、丝状藻等寄生在小龙虾体表上，小龙虾体色变黑或墨绿色，虾体质差，活动力明显减弱，不能顺利蜕壳，可引起大批死亡。

（2）防治：①虾池的水源应水质良好，无污染。②每亩用生石灰 150 kg 清塘消毒。③夏秋季勤换水，保持水质清新。冬春季灌满水，水质透明度保持 30～40 cm。④硫酸锌 0.3～0.4 mg/L 使用一次，隔日用 0.3～0.4 mg/L 溴氯海因泼洒一次。

十三、其他的虾壳病

小龙虾的虾壳病还有蜕壳困难症和硬壳病等。

1. 蜕壳困难症

小龙虾不能顺利蜕壳而致死，可能是营养性导致的疾病。

2. 硬壳病

全身甲壳变硬，有明显粗糙感，虾壳无光泽，呈黑褐色，生长停滞，有厌食现象。可能由于营养不良，水质中钙盐过高或池底水质不良，或疾病感染，附生藻类或纤毛虫等引起。

防治：①增加营养，在饵料中添加藻类或卵磷脂、豆腐均可减少该病发生，也可在虾饵中添加蜕壳素来预防。②换池或供应优质饲料及改善水质。③当水质或池底不良时，应先大量换水或换池。

十四、蜕壳虾的保护

1. 小龙虾蜕壳保护的重要性

小龙虾只有蜕壳才能长大，也只有在适宜的蜕壳环境中才能正常顺利蜕壳。它们要求浅水、弱光、安静、水质清新的环境和营养全面的优质适口饵料。如果不能满足上述生态要求，小龙虾就不易蜕壳或造成蜕壳不遂而死亡。

小龙虾蜕壳后，机体组织需要吸水膨胀，此时其身体柔软无力，俗称软壳虾，需要在原地休息 40 分钟左右才能爬动，钻入隐蔽处或洞穴中，故此时极易受同类或其他敌害生物的侵袭。因此，每一次蜕壳，对小龙虾来说都是生死难关。特别是每一次蜕壳后的 40 分钟，小龙虾完全丧失抵御敌害和回避不良环境的能力。在人工养殖时，促进小龙虾同步蜕壳和保护软壳虾是提高小龙虾成活率的关键技术之一。

2. 小龙虾的蜕壳保护

（1）为小龙虾蜕壳提供良好的环境，给予其适宜的水温、隐蔽场所和充足的溶氧，建池时留出一定面积的浅水区，供小龙虾蜕壳。

（2）放养密度合理，以免因密度过大而造成相互残杀。

（3）放养规格尽量一致。

（4）每次蜕壳来临前，要投含有钙质和蜕壳素的配合饲料，力求同步蜕壳。

（5）蜕壳期间，需保持水位稳定，一般不需换水，可以临时提供一些水花生、水浮莲等作为蜕壳场所，并保持安静。

十五、中毒

1. 症状

根据小龙虾发病情况可以分为两类：一类发病慢、出现呼吸困难，摄食减少，零星死亡，可能是池塘内有机质腐烂分解引起的中毒，属于慢性中毒积累而死亡；另一类发病急、出现大量死亡，尸体上浮或下沉，在清晨池水溶解氧量低下时更明显，属于急性中毒死亡。小龙虾鳃丝表面无有害生物附生，也没有典型的病灶。据分析，小龙虾中毒的主要原因有以下几条：一是池底不干净，淤泥较厚，池中有机物腐烂分解，产生大量氨氮、硫化氢、亚硝酸盐等物质，能引起虾鳃以及肝胰腺的病变，引起慢性死亡；二是含有汞、铜、锌、铅等重金属元素、废油，以及其他有毒性的化学成品流入池内，导致虾类中毒；三是靠近农田的养殖小区，由于管理不慎或人为因素，致使农药、化肥、其他药物进入池中，从而导致小龙虾急性死亡。

2. 防治

（1）加强巡视，在建虾池时，要调查周围的水源，看有无工业污水、生活污水、农田生产用水等排入，看周围有无新建排污化工厂。

（2）清理污染源，改善水环境，选择符合生产要求的水源，请环保部门监测水源，看是否有毒有害物质超标。

（3）一旦发生中毒事件时，要立即进行抢救，将活虾转移到经清池消毒的新池中去，并冲水增加溶氧量，或排注没有污染新水源稀释。

十六、生物敌害

生物敌害主要有水蛇、青蛙、蟾蜍、老鼠、凶猛鱼类，特别是乌鳢、鳜、鲶、鲈鱼、鹭类和鸥类水鸟、青苔等都是小龙虾的敌害。

防治：①建好防逃墙，并经常维护检查，如虾池中发现有凶猛鱼类活动，要及时捕杀。②进水口严格过滤，防止小害鱼及鱼卵进入池内，进水口要设置拦网。如发现池中有小害鱼及鱼卵，则要用 2×10^6 鱼藤精进行消毒除害。③由于多数鸟类是自然保护对象，唯有用恫吓的办法进行控制，别无他法。④对于水蛇、青蛙、水蜮和水老鼠等敌害，在积极预防的同时还要采取"捕、诱、赶、毒"等方法处理。

第七章　小龙虾的运输

小龙虾捕捞方法简单，能较长时间离水，运输方便（幼虾除外），运输成活率高，在捕捞及产品的运输上省时、省工、费用低，养殖鱼类和其他虾类无法比拟。

第一节　幼虾的运输

一、运输方法和要点

之所以我们建议虾农走自繁自育的路子，具体结合当地小龙虾养殖业现状，因为重要的一条就是虾苗不容易运输，运输时间不宜超过3小时，否则会影响成活率。温度越高，耐运输时间越短，运输过程应当补充水，防止虾苗脱水过于严重。

因此运输时要讲究技巧，一是要准确确定运输路线，不走弯路；二是准确计算行程，确保运输时间在2小时内，在计划时间内运达，防止因车辆及道路交通情况等原因造成延误，延长运输时间，影响虾的成活率；三是在不同季节运输，还应根据气候条件采取适当措施如保温、降温、防雨等，以确保安全运输；四是要确定运输方法，试验证明无水运输时死亡率是非常高的，因此建议养殖户采用带水充氧运输，但是一般情况下，由于养殖户出栏的虾苗个体较大，更多使用干法运输，所以运输虾苗应多方面考虑情况，防止死亡。

在运输前先检查幼虾的质量，要求幼虾体格健壮、密度适当、操作细致、水质清新，途中避免阳光直射。运输前一天可将幼虾集中在网箱中暂养，使其适应高密度环境。

塑料袋充氧运输密度大、运距远、成活率高。装水 5 kg 的塑料袋能装运稚虾 2 万～3 万尾；3 cm 长的幼虾 2000 尾。但在实际生产过程中，虾苗起捕上市规格一般较大，超过 5 cm，所以该运输方式受制约，幼虾越大装得越少，装完幼虾后充氧气，然后扎紧，在水温 15 ℃时能运输 8 小时以上。但在短途运输一般用水桶担运。无论采用何种运输方式，装运数量应视运距、鱼体大小、天气等情况灵活掌握。幼虾运达目的地入池前，将塑料袋放于池中逐渐调温，直至袋中水温与池水接近才放虾入池。

二、虾苗选择

购买虾苗应选择专业的繁育池塘出栏的虾苗，这类虾苗生存过程和捕捞过程大多未受大个体小龙虾夹害，其次是对购买虾苗的源头认真把控，严格把关，选择直接从水中取出的虾苗一次性运输走，防止脱水时间过长。

第二节　亲虾和成虾的运输

亲虾和成虾都属于大虾，它们的运输相对于幼虾则容易得多。

一、挑选健壮、未受伤的小龙虾

在运输小龙虾之前，从渔船上或养殖场开始就要对运输用的活虾进行小心处理。也就是说，要从虾笼上小心地取下所捕到的小龙虾，把体弱、受伤的与体壮的、未受伤的分开，然后把体壮的、未受伤的小龙虾放入有新鲜的流动水的容器或存养池中。最应把青虾和红虾分开进行运输，防止红虾夹伤青虾。

二、要保持一定的湿度和温度

在运输小龙虾时，环境湿度的控制很重要，相对湿度为70%～95%可以防止小龙虾脱水，降低运输中的死亡率。运输时可以使用水花生或麻袋装在容器内，在面上洒上水，以及中途用洒水器进行定时定点洒水，运输的时间不要超过5小时，温度越高可耐运输的时间越少。

三、运输容器和运输方法

存放小龙虾的容器必须绝热，不漏水，轻便，易于搬运，能经受住一定的压力。目前使用比较多的是泡沫箱或者虾筐。每箱装虾15 kg左右，在里面装上2 kg的冰块，再用封口胶将箱口密封即可进行长途运输，该运输方式一般适用于商品虾运输，不适用于池塘投放的种虾。

用塑料筐运输也是常用的一种方法，把每个塑料筐内装上虾，一般为60 cm×40 cm×20 cm的塑料筐，每筐装虾10 kg，加盖捆扎后，根据运输水槽的容积，把装好虾的塑料筐分层装入水槽内水中，开启充氧设备启动水循环过滤系统。运输用水，水温一般控制在10～12 ℃。当自然水温高时，采用加冰调节水温。采用这种运输方法，运输量大，虾不会产生叠压，成活率较高，途中管理较为方便，在正常情况下，运输10小时之内是安全的。在具备充氧水循环过滤条件的汽车运输水槽内，分层铺设网式塑料隔挡，分层装虾，以提高水槽的运量及虾的成活率，可以防止因虾多叠压而影响成活率。

还有一种更简便的运输方法就是用蒲包、网袋、木桶等装运。在箩筐内衬以用水浸泡过的蒲包，再把小龙虾放入蒲包内，蒲包扎紧，以减少亲虾体力的消耗，运输途中防止风吹、暴晒和雨淋。

四、试水后放养

从外地购进的亲虾，因离水时间较长，放养前应将虾种在池水内浸泡1分钟，提起搁置2～3分钟，再浸泡1分钟，如此反复2～3次，让亲虾体表和鳃腔吸足水分后再放养，以提高成活率。

亲虾离水的时间应尽可能短，一般不要超过2小时，在室内或潮湿的环境下时间可适当长一些。

第八章　小龙虾养殖的地域差异

第一节　繁殖差异

我国疆土广阔，小龙虾的养殖已经覆盖全国各地，然而不同的气候条件下小龙虾繁殖出现细微和较大差异。

一、长江中下游地区

长江中下游地区为我国小龙虾主产区，包括湖南、湖北、江西、江苏、浙江、安徽。

该区域大部分地区年平均气温为 16～17 ℃，小龙虾繁殖季节主要是秋冬，这里的繁殖季节指小龙虾主要抱卵时间为秋季，孵化时间为整个冬季，次年春回温后抱仔虾入水脱离母体，自然状态下集中苗期（可上市的每千克 200 尾以上规格苗）在 5 月，最大批量性成熟交配时间为 6～8 月，最大批量抱卵时间为 9～11 月，冬季为主要的孵化幼体时间段，次年则周而复始，从繁殖周期看，具有很强的季节规律，在人工单独饲养控制下可缩短繁殖周期，例如对长江中下游地区 3 月虾苗进行集中培育种虾，进行人工繁殖可缩短出苗时间。所以，小龙虾的繁殖时间大点来讲受季节控制，小点来讲主要受温度控制，其次是人工条件下的营养补充可缩短繁殖周期。

二、川渝地区

川渝地区指四川和重庆。该区域近年来养殖也呈现快速扩张趋势，该地区主产区年平均温度 17～18 ℃，小龙虾繁殖周期仍然为秋冬季节，然而不同于长江中下游地区的是该区域由于年平均温度高于主产区 1 ℃左右，导致小龙虾的性腺发育周期略提前于主产地区，该区小龙虾苗最大批量时间段为 4 月中下旬，最大批量性成熟为 5 月下旬至 8 月，集中抱卵时间仍为 9～11 月，孵化以冬季为主。不同点是早期抱卵孵化比例更高，且在该区次年回温速度明显早于主产地区，所以该区温度繁育具备一定的优势。

三、东北、华北地区

该区域冬季寒冷，但耐寒的小龙虾仍然可以在该温度下安然越冬，该地区年平均温度 15～16 ℃，小龙虾繁殖周期仍然为秋冬季节，不同于主产区的是更低的温度下小龙虾的性成熟周期更晚，所以出苗和成品上市时间更晚。该区优势是土地广阔肥沃，向阳，发展空间大。

四、云南、广东、广西、海南等地

该区域近年也逐渐兴起了养殖风浪，由于小龙虾季节性太过明显，冬春市场缺乏货源，所以被一些人视为重点养殖矛头，该区年平均温度 18～25 ℃，小龙虾繁殖呈现错乱和不规律现象，但从笔者对该区域不同养殖进行调查发现，该地区小龙虾繁殖依然是秋冬季节，但不同点是由于该区域冬季并不寒冷，小龙虾的孵化时间短，且生长速度明显更快，所以具备补充市场需求的条件，但由于资源落后，发展缓慢，养殖技术和模式无法跟上，目前并未有养殖较成功例子用于补充冬春市场严重虾荒的情况。

第二节 环境差异

小龙虾喜温怕光，夜晚活跃，最适水温 18～25 ℃，生长最快水温 25～28 ℃，喜欢水位较浅、水草较多、溶氧更高、水质更好的水域环境。

我国主产地区大多养殖区域为平原，其中湖北省为主要的主产地区，且以稻田养虾为主，该地区四季分明，冬凉夏热，月温差较大。其次是该地区大部分地区光照较为充足，地势平坦。池塘养殖小龙虾大多风向较好，池塘水面流动性相对较好，水质清爽不易浑浊，小龙虾池塘大多种植生长在水下的水生植物，这类植物需要充足的光照才可进行良好的生长，所以对池塘水质要求较高。

云贵、川渝地区养虾的池塘往往为两山夹一沟的低压平地，地势风向及水面流动性较差，池塘水质较主产地区更易浑浊，所以池塘水草的维护会更难，但该区域年均温略高于主产地区，每年上市小龙虾的时间略早于主产地区。

热带地区养殖小龙虾目前不常见，从小龙虾的生产适应性看，热带地区有明显优势，也有劣势，热带地区常年小龙虾生长、繁殖速度快，但过高的水温也会因管理不到位而出现损耗高，死亡快，养殖风险更高。

第三节　上市差异

小龙虾是一种季节性非常强的品种，不管是繁殖还是生长都有较强的季节性，所以每年也会有一季吃虾季。

湖北、湖南、江西、安徽、江苏等主产地区每年大量上市成品小龙虾的季节均是 4 月下旬以后，每年的小龙虾价格出现暴跌也是在这个时间，集中上市时间为整个 5 月，由于主要为稻田养虾，每年进入 5 月农户也会陆续清掉池塘卖虾进行插秧，每年 5 月价格降至谷底，流通的小龙虾量达到顶峰。

川渝地区每年进入 3 月陆续有成品虾上市，上市集中时间为 4～5 月，价格上有明显优势，川渝地区由于地形差异，小龙虾池塘大多为精养池塘。

　　热带地区常年均可上市小龙虾，但从目前反季节上市小龙虾的量和市场需求来看，并没有较为成功的反季节小龙虾上市区域。

第九章　小龙虾文化产业链的延伸

第一节　小龙虾的资源保护

由于目前国内还没有完全突破小龙虾苗种繁育这个技术关口，养殖所需的小龙虾苗种基本上都是来自天然捕捞，苗种的质量、规格和数量都无法得到保证，不但严重制约了小龙虾产业的发展壮大，而且对自然界中的小龙虾资源造成过渡式利用，极大破坏了小龙虾的资源。随着人们对小龙虾的喜爱和消费的增加，自然界的小龙虾资源已经日益枯竭，除了开展人工养殖、增殖外，对于小龙虾的资源保护也是非常重要的一环。

一、科学选择药物，减少对小龙虾的药害

在治疗鱼病、虾病以及其他种植养殖对象的病害时，一定要科学选择药物，选用药物的趋势是向着"三效""三小""无三致"和"五方便"方向发展。

"三效"是指虾药要有高效、速效、长效的作用。

"三小"是指虾药使用时有剂量小、毒性小、副作用小的优点。

"无三致"是指虾药使用时对小龙虾无致畸、无致癌、无致突变的效果。

"五方便"是指虾药使用时要起到生产方便、运输方便、贮藏方便、携带方便、使用方便的效果。

在市场购买商品虾药时，必须根据《兽药产品批准文号管理办法》中的有关规定检查虾药是否规范，还可以通过网络、政府部门

咨询生产厂家的基本信息，购买品牌产品，防止假、冒、伪、劣虾药。

二、规范用药，减少药残对小龙虾的影响

药物残留是目前动物源食品最常见的污染源，在水产品中也不例外，导致水产品中药物超标的原因有很多，其中滥用药物和饲料添加剂是主要的原因。规范用药是防止水产品药物残留超标，提高水产品质量及突破"绿色技术壁垒"的根本措施。

1. 要严格执行国家法律法规

如《动物防疫法》《饲料和饲料添加剂管理条件》《兽药管理条件》等法律法规，禁止使用假、劣兽药及农业农村部规定禁止使用的药品、其他化合物和生物制剂。原料药不得直接用于小龙虾的养殖。

2. 科学、合理用药

（1）水产养殖单位和个人应当按照水产养殖用药使用说明书的要求或在水生生物病害防治员的指导下科学用药。

（2）水产养殖单位和个人应当填写"水产养殖用药记录"，该记录应当保存至此批水产品销售后2年以上。

（3）在防治虾病时做到预防为主、对症用药。有计划、有目的、适时地预防虾病十分重要，可以最大限度地降低疾病的影响。临床上，根据病因和症状进行对症下药是减少用药、降低成本的有效方法。

3. 严格遵守休药期制度

休药期的规定是为了减少或避免供人食用的动物食品中残留药物超量，保证食品安全。药物进入动物体内，一般要经过吸收、代谢、排泄等过程，不会立即从体内消失，药物或其代谢产物以蓄积、贮存或其他方式保留在组织器官中，具有较高的浓度，会对人产生影响。经过休药期，残留在动物体内的药物可被分解或完全消

失或降低到对人体无害的浓度。

三、营造良好的小龙虾生长环境

小龙虾有掘洞穴居的习惯,喜阴怕光,光线微弱或黑暗时爬出洞穴,光线强烈时,则沉入水底或躲藏在洞穴中。根据小龙虾的习性,要尽可能地模拟自然条件下小龙虾的生态环境,对于自然界中的一些生态环境尽可能保留,不要轻易破坏。

四、控制捕捞规格

在自然界捕捞小龙虾时,一定不能一网打尽,只能取大虾,留下小虾,相关职能部门可根据具体的情况制定一项上市的最小规格,比如小于 6 cm 的小龙虾不得在市上销售,没有了市场需求,人们也就不会再捕捞这种小虾,这对于小龙虾的资源保护是有积极意义的。

五、限期捕捞小龙虾

渔政部门也应该把小龙虾的保护纳入渔业服务范围,也要像渔业禁捕期一样,实施小龙虾禁捕期,根据我们的调查和研究,可将小龙虾的禁捕期设在每年的 8 月中旬到 12 月,在此期间不得捕捞、销售小龙虾。

六、加大市场宣传力度

农业、水产部门要加强引导与教育,对于稻虾套养、蟹虾套养、鱼虾套养、茭虾套养和藕虾套养等养殖方式,要加大宣传力度、扶持力度,对于小龙虾的禁捕期和禁捕规格要加大宣传,让人们了解小龙虾的繁殖习性,自觉保护小龙虾的亲虾和幼虾,增强农民虾产品品质的保护意识。

七、加强小龙虾输入时的检疫，切断传染源

对小龙虾的疫病检测是针对某种疾病病原体的检查，目的是掌握病原的种类和区系，了解病原体对它感染、侵害的地区性、季节性以及危害程度，以便及时采取相应的控制措施，杜绝病原的传播和流行。

在虾苗、虾种、亲虾进行运输时，客观上使小龙虾携带病原体到处传播，在新的地区遇到新的寄主就会造成新的疾病流行，为了保护我国各地养殖业的安全和生态环境的稳定，一定要做好小龙虾的检验检疫措施，将部分疾病拒之门外，从根本上切断传染源，这是预防虾病的根本手段之一。

八、政府投入，加强小龙虾资源保护

1. 政府推动小龙虾的养殖

通过各种优惠政策扶持小龙虾的项目，通过出台促进小龙虾产业化发展的产业政策，从项目、资金、保险、信贷等方面扶持小龙虾苗种繁育基地、小龙虾养殖大户、小龙虾加工企业的发展。

2. 科技服务要跟上，技术支撑要到位

通过开办培训班、送技术到塘口等方式，结合渔业科技入户等项目的实施，加强相关的技术培训与指导，加快小龙虾的养殖及病害防治等技术的普及。

3. 规范养殖，打造品牌

打造品牌、实行标准化生产是未来小龙虾产业化的根本出路，也是保护小龙虾资源的有效措施，这方面的工作，江苏盱眙的小龙虾产业做得最好，其他各地政府要向盱眙学习，主动出击，未雨绸缪，由政府或企业集团组织育种、养殖、流通、加工各环节代表和专家，编制覆盖小龙虾育种、养殖、加工包装、流通到消费各环节的标准，向市场提供标准化、安全卫生的美味食品，加强资源保护的宣传。

第二节　小龙虾文化产业链

一、小龙虾节的举办

全球闻名的盱眙中国小龙虾节已经连续成功举办八届了，带动了盱眙县域经济的飞速发展，提高了盱眙县的知名度、美誉度。小龙虾如今已成为盱眙县一张耀眼的名片，成为盱眙一项新兴的重要产业，当然也成为盱眙经济的重要拉动力量。2005 年，中国小龙虾节以其独特魅力，从全国 5000 多个节庆活动中脱颖而出，成为江苏唯一被国际节庆协会评选为"IFEA 中国最具发展潜力的十大节庆活动"，被第三届中国会展（节事）财富论坛评为"中国节庆50 强"，并雄居前列。小龙虾节对盱眙的作用主要表现在：带动了全县农业产业结构调整；带动了盱眙旅游业和住宿餐饮业的快速发展，现在每逢旅游黄金周，规模稍大的宾馆和饭店 7 天的营业额基本上是已经达到了整月营业额的 80％以上；带动了全县劳动力转移，特别是对外劳务输出；带动了城乡居民的增收；带动了全县的招商引资工作；小龙虾节还带动了全县的批发零售业零售额稳步上升，每年平均都以 15％的增幅增长。

现在全国各地都纷纷举办了卓有成效的小龙虾节，其中比较典型的有合肥小龙虾节、南京小龙虾节等。这些小龙虾节通过各种渠道的运作纷纷走向市场，把经济性节庆活动作为一种商品或品牌来经营，给节庆活动带来事半功倍的效果。

另外小龙虾节的举办有助于让小龙虾产业形成链条，有助于实现从小龙虾的养殖到加工再到销售形成一个完整的产业化链条。

二、小龙虾商标的运作

在小龙虾商品化的运作中，最具影响力和成功的就是十三香小龙虾的品牌效应，小龙虾这个原本普普通通的农产品，一经与十三香结缘聚合成"盱眙小龙虾"后，能量激增，在连续八届中国小龙虾节的精心打造下，不仅刮起一股席卷大江南北的"红色风暴"，更传奇般地为盱眙造成了势，也为盱眙造来了财，小龙虾为盱眙发展作出了全方位的贡献，已经成为盱眙超常发展的"加速器"，十三香小龙虾已经成为盱眙小龙虾中的精品代表，现在"十三香小龙虾"的商标品牌价值也在餐饮业中遥遥领先。

三、小龙虾的垂钓方兴未艾

随着小龙虾的饮食文化走向大众，在吃小龙虾之余，人们也"玩"起了小龙虾，其中小龙虾的垂钓以其趣味横生、钓技独特而逐渐被广大钓友认同，深受人们喜爱。这里就简要介绍几种常见的垂钓小龙虾的技巧。

1. 虾网钓小龙虾

钓虾网的制法，用竹片做成十字交叉的框架，然后用纱布或塑料窗纱缝成四方形捞虾网，虾网边长 50 cm×50 cm×10 cm。再把虾网固定在框架上。在框架十字交叉的部位拴上一根 1 m 多长的钓线，钓线上端拴一个泡沫塑料小方块，放在水中浮起，既做记号又便于提网上岸。

使用这种钓虾网，网内的中部都拴一个小石块，既可使网沉入水底，又可在提网时中间形成一个凹槽，使小龙虾跑不出去。在网底中部拴上一根小线，作拴诱饵用，以防放网时诱饵漂起冲走。投放时，可选河塘浅水有草或乱石处，一次放十几个钓虾网，每个网之间相距 2 m 左右，过 10 分钟左右提一次。提网的竿可用一根普通竹竿，一端缚上一个用粗铁丝弯成的钩子，对准钓虾网上的浮标，把它捞出水面。提网时出水面以前要慢提，以免把网里的虾惊走，网出水面后要快提到岸边，以防网内虾跳出逃入水中，这样来回提网，不时检查诱饵是否脱落，随时补充。

2. 手竿钓小龙虾

用手竿钓小龙虾，对大多数钓友来说也许感到新鲜，但效果很好，操作也很简便，这里就介绍一下常用的技巧。

（1）钓具：长 5.4 m 的软调手竿，用 0.2 mm 的细线做钓线，线长 3 m 左右，用大头针弯成仅 3 mm 左右的小钓钩，钓线末端拴一个小坠，不用漂。

（2）钓时：春末至仲夏是最佳的垂钓时间，在每天的早晨和傍晚进行垂钓效果最好。

（3）钓点：池塘或河流的浅水处、水草茂盛的地方、挺水植物多的地方等。

（4）钓饵：用红蚯蚓或整条的大青蚯蚓做钓饵，小钩从蚯蚓上穿过，再用鱼线从青蚯蚓的中部扣牢。

（5）钓技：一根钓线上拴十几个小钩，垂钓时，将钓线抛到水里，把钓线放松，使钓钩都卧在水底，每隔两三分钟提一次竿。因为钩小而锐利，虾吃食时，用螯夹住饵往嘴里送，就被钩住，这时轻轻往上提竿，虾就被钓上来，有时一次能钓上几只小龙虾。

3. 浅水点钓小龙虾

小龙虾喜欢生活在浅水处，用点钓法来钓取，简单易行，而且趣味横生，但一定要讲究技巧，否则一不小心，虾就会跑掉。

（1）钓竿：型号不限，既可以用手竿，也可以用海竿，还可以就近取材，用树枝或竹枝做一钓竿，竿长 2～3 m，轻柔细竿，线长 1 m 左右，无浮标，钩后有小锡砣，最好制成朝天钩状，以便使饵浮出水面。

（2）钓时：春末至仲夏是最佳的垂钓时间。入秋后，小龙虾会打洞繁殖，此时非常难钓，建议找洞挖虾。

（3）钓点：水域的浅水处或水草茂盛的地方。

（4）诱饵：可用屠宰下脚料或鸡肠、鸭肠作为诱饵，也可在水草丛中的空地中撒一点炒香的麸皮作为诱饵。

（5）钓饵：钓饵和诱饵是同样的。也可用蚯蚓或蛆虫、米饭粒。

（6）钓技：每到春末夏初，小龙虾会成群结队地到浅水处觅食、游动和爬行。此时，可拣个体大的，将钩饵轻轻放到其头前5～10 cm处，虾即会趋前用第一对螯足捧起啃食；如虾不动，则没发现，这时，需将钩饵轻轻提起，至离水底5～10 cm时再轻轻放下，以引起虾的注意。当虾注意到后，会立即上前，先用触须碰碰，再用第二对长大螯足摸摸，然后再爬行到饵前，用第一对螯足捧起食物，慢慢啃食，这时起竿，即可钓上。由于虾个体小、嘴嫩，要用钩尖十分犀利的小钩，提竿要轻，手腕一抖，慢慢提出水面。

4. 猪肉诱钓小龙虾

（1）钓具：竹竿四五根，长3～5 m。直径为0.4 mm的尼龙鱼线长2 m，不用浮子和钩，每根钓竿扣线一根。轻型海网兜一只，海兜绑在另一根竹竿上，竿长要与钓竿的长度相仿。

（2）钓时：春末至仲夏是最佳的垂钓时间，在每天的早晨和傍晚进行垂钓效果最好。

（3）钓点：水域的浅水处、水草茂盛的地方、挺水植物多的地方。

（4）钓饵：用一根线拴在5 g左右的猪肉上，另一端系在树枝上。

（5）钓技：下钩投饵时，可把几支钓竿的钓饵，分别投入不同地点的水草丛中，或者稳水下的石缝附近，距离不限，远近不分，饵投下后，将竿梢搭在水草上，竿根搁在岸边。小龙虾爱吃动物的尸体或内脏，当它们嗅到蛙肉的腥味时，就会从四面八方群聚过来，这时它们会发现爱吃的蛙肉，就挥舞着两只大钳子，纷纷前来聚餐，它们夹住蛙肉，大吃大嚼起来，有时为了争夺一口吃的，它们会不惜大打出手，你争我夺，互不相让。这时，钓者伸出抄网于竿梢旁，并轻轻地慢悠悠地提起钓竿，将蛙饵往水面拎。此时拽线的速度千万不能快，必须慢，否则那些团团围绕在蛙肉四周的小龙虾会感觉水流的异常，有危险降临，它们会立刻放弃食物而逃之夭夭。所以只有慢慢地将线提上来，而正在吃得津津有味的小龙虾，是绝不放松到口的美食的，它宁可让自己连同食物一起移动和上升。当钓饵接近水面 30 cm 左右的时候，钓者就可以清楚地发现小龙虾咬着钓饵了，立即用海兜伸入水下小龙虾的下方，连虾、饵，一齐兜到岸上来。切忌把小龙虾拉出水面，因为小龙虾一到水面，马上就会发觉自己上当，松脱食物，随即逃走。所以，一定要用抄网在水面下捞取。这种钓法，多用十几根竿，轮流放钓，来回取虾。

四、小龙虾的加工

我国小龙虾的出口基本上是通过加工品完成的，例如江苏是我国小龙虾加工品的主要省份，年加工小龙虾出口量 6000 t 左右，出口贸易额达 6000 万美元。我国小龙虾的加工品主要出口欧盟、美国、日本、东南亚、澳洲等地，其中出口欧盟的占 60％以上。

目前我国的小龙虾加工品种主要有冷冻或速冻的虾仁、尾肉、整条虾、虾黄等。另外小龙虾的深加工也不断被开发。目前主要的深加工是从虾的甲壳中提取虾青素、虾红素、甲壳素、几丁质、鞣酸及其衍生物。

五、小龙虾的饮食文化

1. 小龙虾可以放心吃

小龙虾肉味鲜美，营养丰富，可食部分达 40％，对人体有许多益处，因此说小龙虾是具有保健作用的。另外小龙虾在摆上餐桌时基本上已经煮熟煮透，一些病原菌和致病生物也被高温杀死，因此是可以放心吃的。

2. 小龙虾不要生吃

所有的河鲜最好避免生吃，小龙虾也不例外。这是因为小龙虾的适应能力极强，有的是生长于污浊不堪的环境里，小鱼、小虾是它的主要食物。由于生存环境恶劣，小龙虾头部和体内容易携带寄生虫，如果不经煮熟，直接生吃，是非常危险的。我们在吃小龙虾时，一是要煮熟煮透，二是不宜过量食用，路边小摊兜售的香辣小龙虾更得当心。

3. 买小龙虾的要点

选小龙虾时，要掌握"三好一架势"的原则，也就是说雌虾比雄虾好，青壳虾比红壳虾好，个大的比个小的好；选择鲜活体健、爬行有力的，在用手抓活虾时，它的双螯张开，一副与人决一雌雄的架势。

在买小龙虾时，要选择好小龙虾，一定要把小龙虾抓在手中进行"三看"，即一看小龙虾是清水还是浑水养殖，看看它的背部，如果背部红亮干净，基本上就能确定不是在污水沟中生长的，然后翻开小龙虾的腹部看看它的腹部绒毛和爪上的毫毛，这几个地方如果是白净整齐的话，基本上就是在干净水质中养出来的。二看皮色，老小龙虾或红得发黑或红中带铁青色，青壮小龙虾则红得艳而不俗，有一种自然健康的光泽。最后就是看它的甲壳，方法是用手碰它的壳，铁硬的是老虾，像指甲一样有弹性的才是刚长大才换壳的，所以我们要买软壳的。

4. 烹饪前的处理

新鲜的小龙虾鲜肉饱满，肉质紧，而且有一定的弹性。如果是放置了一段时间或是已经死了的小龙虾，则肉质酥软，看上去是空空的不饱满状，死亡时间久的小龙虾坚决不能吃。新鲜的小龙虾在烹饪前要进行科学的处理：

（1）吐污：将采购回来的小龙虾，先放在盆里，加好水，然后把小龙虾放在里面，先养一夜，让它自由爬行，通过自身的运动呼吸和新陈代谢吐出体内的泥土，要注意盆里的水不能加多，不能小让小龙虾逃出，也不能让小龙虾在盆里堆积。

（2）剪剔：用剪刀剪去螯足后面的其他步足，同时剪去前须、嘴巴和鳃，然后抽去肠子。在大酒店里为了保持小龙虾的鲜味和完整性，一般是不剪去小龙虾的须和鳃的，也不抽去肠子，而是在吃虾时扯去。

（3）排污：将剪好的小龙虾放入盆内，注入流动的活水，让小龙虾不断地吸水，冲走小龙虾体内排出的污水，一般要半小时。

（4）洗刷：将小龙虾用毛刷一只只刷干净，特别是口、尾部和腹部要多刷几次，仔仔细细地刷掉泥沙，再用清水冲洗干净，配上微量的厨房用的洗洁净，搓洗后捞出再用流水冲洗干净，才可以用来烹饪。

（5）准备好辅料：一是准备少许切好的生姜片，剥净的蒜瓣，切成碎块的青辣椒、葱段。二是十三香小龙虾调料按每 2 kg 左右的小龙虾 50 g 左右的调料准备。三是准备胡椒粉、花椒粉、川椒、醋、糖。四是准备好葡萄酒或啤酒。

至于小龙虾的做法，不同的地方有不同的做法，据初步了解，各地小龙虾的做法不下于 30 种，虽然味道各有千秋，但小龙虾的美味却是入口难忘的。

5. 小龙虾的吃法

在南方关于"盱眙十三香小龙虾"的吃法流传着这样一句顺口溜："一盆不动口，二盆不动手，三盆才伸手，四盆五盆不想走，六盆七盆还不够，八盆九盆送朋友，想吃十盆就到盱眙走一走。""盱眙小龙虾用盆装，热气腾腾扑鼻香，麻辣鲜嫩酥美香，余味三日无法忘"，所以说小龙虾的美味是不言而喻的。

小龙虾的科学吃法：在吃手抓小龙虾时，首先做好准备，双手需戴一次性塑料手套，备好餐巾纸放在面前，最好围上围裙，然后开始痛痛快快地吃。有人经过专门的调查，认为小龙虾的吃法比较有讲究、形成吃文化的主要有两种：

（1）顺口溜式的吃法

拉着你的手——戴好手套，用手抓起小龙虾，扯下大螯；

轻轻吻一口——看到色香味俱佳的小龙虾，忍不住先用舌头尝一下小龙虾的美味；

掀起红盖头——用手取虾远离面部，从头胸甲和腹甲相连的地方，剥掉小龙虾的头胸甲；

深深吸一口——去掉虾胃，深深吸吮，吃掉金灿灿的虾黄；

解开红肚兜——吃了头部鲜美的虾黄后，将目标转移到小龙虾肉最多的地方，用力撕开小龙虾的腹节；

拉下红裤头——将小龙虾的尾节、尾肢拽掉，这时可以看到一根虾肠顺着尾节被拉出来，如果肠子没有出来，必须将虾肉剥开，去掉肠子后才能吃肉；

让你吃个够——就这样一只只地品尝，一大盆的小龙虾会让你过上一把吃小龙虾的瘾。

（2）动作形象的吃法

看——通过看虾炸好后的形状，如果尾部卷曲，说明虾入锅前是活的，如果尾部是直的，那说明虾入锅前多数已经死掉；

嗅——看到鲜美的小龙虾，忍不住凑上去闻一闻小龙虾的味道；

舔——用舌头轻轻地舔一下，先感受一下小龙虾麻、辣、香的滋味；

揭——戴上手套，掀开小龙虾的头胸甲；

吮——除去虾胃，轻轻吸吮鲜美的虾黄；

拧——左右开弓，两手齐用，一只向外，一只向上，扯下大螯吃掉里面的肉，再除去步足；

捏——用两只手向外轻轻地捏几下，目的是捏软小龙虾的腹节，有利于腹部的肉和壳脱离；

剥——将小龙虾上半部的腹节轻轻剥去；

拽——用力拽去小龙虾的尾部，抽去肠子；

撕——如果抽不去肠子，那么撕开肉，拿出肠子。

吃——先把虾肉轻轻咬一下，如果咬时肉不发软，非常"有嚼头"，同时有汁流出，就是熟的；或者观察被咬开的横截面颜色是否一致，一致则熟，这时就可以大块朵颐了。

6. 十三香小龙虾调料

随着盱眙十三香小龙虾的举世闻名，十三香小龙虾调料也随之闻名，香料是小龙虾调料的主要成分，成为小龙虾席上的主要佐料。每家小龙虾店都有其秘不外传的调料配方，这决定了小龙虾口味的独特性。根据了解，"十三香小龙虾调料"并不是指这种小龙虾调料仅仅由十三味中药配制而成，而是一个统称，是一种约定俗成的习惯叫法，它实质上包含了十几到三十几种中草药（可能最初是由十三味中草药调配出来而得名），这些调料包括甘草、天麻、丁香、干姜、木香、肉桂、香叶、八角、陈皮、甘松、孜然、辛夷、白芷、枸杞子、阳春砂、大枣、草蔻、豆蔻、山楂、胡椒、花椒、肉蔻、紫苏、小茴香、薄荷、当归、草果、荜茇、香砂、千年健、五加皮、罗汉果、党参、杜仲、良姜等。

根据不同的口味，十三香小龙虾调料可以分为以下几种类型。

（1）辛温型：这是最基本的调料型，通常也称为母料，它以五香为主要调料。在众多的调料中，八角、肉桂、小茴香、花椒、丁香称五香，适用范围广泛，适合大众口味。一般市场上流通的五香粉都是以小茴香、碎桂皮为主，八角、丁香很少，所以没有味道，真正制作起来，应该以八角、丁香为主，其他的为辅才行。

（2）麻辣型：在五香的基础上加青川椒、荜茇、胡椒、豆蔻、干姜、草果、良姜等，在烧制过程中，要投入适当的辣椒，以达到有辣、麻的口感。辣椒和花椒可用热油炒，达到香的感觉，也有磨成粉状，也有全部投进锅中煮水用。

（3）在一般材料的基础上加香砂、肉蔻、豆蔻、辛夷、进口香叶，制成特有的香味。

（4）怪味型：草果、草蔻、肉蔻、木香、青川椒、千年健、五加皮、杜仲另加五香用以煮水，这种口味给人以清新的感觉。

（5）滋补型：如天麻、罗汉果、党参、当归、肉桂作为辅料，可壮阳补肾、益气补中，增强人体的免疫力。

图书在版编目（CIP）数据

小龙虾稻田生态种养新技术 / 王亮，龚进主编.—长沙：湖南科学技术出版社，2021.4
（家庭农场生态种养丛书）
ISBN 978-7-5710-0430-9

Ⅰ．①小… Ⅱ．①王… ②龚… Ⅲ．①龙虾科－稻田－淡水养殖－生态养殖 Ⅳ．①S966.12

中国版本图书馆 CIP 数据核字(2019)第 276791 号

家庭农场生态种养丛书
XIAOLONGXIA DAOTIAN SHENGTAI ZHONGYANG XINJISHU
小龙虾稻田生态种养新技术
主　编：王　亮　龚　进
责任编辑：李　丹
出版发行：湖南科学技术出版社
社　　址：长沙市湘雅路 276 号
　　　　　http://www.hnstp.com
印　　刷：长沙鸿和印务有限公司
　　　　　（印装质量问题请直接与本厂联系）
厂　　址：长沙市望城区普瑞西路 858 号金荣企业公园 C10 栋
邮　　编：410200
版　　次：2021 年 4 月第 1 版
印　　次：2021 年 4 月第 1 次印刷
开　　本：880mm×1230mm　1/32
印　　张：4.5
字　　数：112 千字
书　　号：ISBN 978-7-5710-0430-9
定　　价：28.00 元
（版权所有·翻印必究）